大都會文化
METROPOLITAN CULTURE

大都會文化
METROPOLITAN CULTURE

殺出紅海

漂亮勝出的104個商戰奇謀

劉燁 著

104位企業教父的藍海策略
帶領你殺出紅海　漂亮勝出

目次

目次

第二篇 智慧領導

目次

第三篇　創意經營

第四篇　時勢英雄

目次

第五篇　危機處理

目次

★為顧客著想

楔子

人無遠慮，必有近憂。企業經營者最忌眼光短淺、得過且過。他必須高瞻遠矚，運籌帷幄，對企業的發展進行長期性、整體性、全局性及層次性的戰略謀劃。

在現今社會中，管理是一門科學也是一門藝術。在競爭日益激烈的今天，管理者的素質與決策決定著一個企業的成敗，甚至存亡。從事經營管理工作的領導者如果未從前人的成功與失敗中汲取經驗和教訓，並善於在實踐中加以運用，想要在激烈的商戰中取勝，是很難辦到的。

當今是一個「管理的時代」，鑽研經營致勝之道，已經成爲任何一個致力於不斷拓展業務的管理者之第一要務。

因此，本書中羅列各國企業經營與變革的過往經歷，他們或許是乘時而起，或許是孜孜矻矻開創出現今的企業王國；無論成功或失敗，他們的經歷都可作爲現代管理者的借鑑，爲企業的興盛更添一分光彩。

第一篇　前瞻策略

★洞燭機先

一、識在人前，走在人前

機遇總是青睞那些有準備的人，準備得多一些，屬於你的東西就會多一些。思想指導人的行動，有先發制人的思想，才能有先發制人的行動，古諺說：「一著先，吃遍天。」識在人前，才能走在人前，但有識無膽，縱使識在人前，也必然落在人後。故這「先發制人」的招數，須以膽識爲基礎。

大企業家王永慶能獲得今日的成就，因他識在人前，走在人前。在五〇年代初期，台灣塑料工業還很落後，全世界塑料工業也正處在發展初期。王永慶卻看到了發展塑料工業的遠大前景，他毅然說服美國開發中心辦事處，借貸了六十八萬美元，籌建塑料廠。從此，白手起家的他，四處招攬人才、籌措資金、開發新技術、開拓新市場，嘔心瀝血，全力以赴；短短二十幾年，產品由塑料工業擴展到石化工業，市場由台灣擴大到世界各地。

現在的台塑是一家跨國大企業，其分公司遍佈世界十幾個國家和地區，且日益發展。一九八七年，台塑公司營業額爲五十三億美元，稅後營利九百九十五億美元，比一九八六年（三百七十九億美元）增長近三倍。現在，王永慶已成爲全球有名的大富豪之一，人稱爲「經營之神」。

新力公司董事長盛田昭夫也是因採取「先發制人」戰略而取得成功的。這具體體現在他的公司訓言——「誓做開拓者」。「開拓」就是鑽研、開發、創新。新力公司本著這種精神，求新、求變，不斷推出超出競爭對手的新產品，因而能從默默無聞的小企業發展到日本電業界的權威，及至在國際上名列前茅。新力能不斷前進，不斷壯大，這與盛田昭夫「識在人前」的意識和採取「識在人前」的行動以及盛田昭夫的偉大魅力有關。他畢業於大孤大學部物理專業，對理工專業懷有遠大的抱負和信心，故放棄繼承多年來的家業，違背父命自己創業，創辦了新力公司。

盛田昭夫的經營理念是：「基本上應按市場需要來製造產品，但有時也需根據產品的性質來迎合市場。」據此，他以戰略家的思維預見：「錄影機可應用於教育，並將成爲今後家庭的必需之物。」正是基於這種認識，在他的努力下，新力系列產品質量不斷提高，成本不斷降低，使錄影機最早在學校和家庭中流行起來，銷路也就迅速擴大了，市場佔有率戲劇性的不斷上升。正逢石油危機過後不久，新力首先做出發展家用錄影機（ＶＩＲ）的決定，他還曾公開預言：一九七六年將被後世尊爲「錄影機元年」。同行們嗤笑為「盛田昭夫的獨角戲」。當家用錄影機不只在日本，而且在世界各國的家庭登堂入室，大為暢銷的時候，嘲笑者為之瞠目結舌刮目相看，不得不被他的雄才大略所折服。盛田昭夫今雖已年逾花甲，力爭前茅的雄心仍不減當年，為實現他的「世界的新力公司」而奮鬥不息。

韓國的領帶大王金斗植，也是個因「識在人前，走在人前」而取得成功的典型。在七〇年代，韓國的領帶大部分是合成纖維的，絲綢領帶還不到百分之五，百貨專櫃、西服裝店和洋貨店都把絲綢領帶定位在高價商品，一般人是不輕易買的。這時在經營領帶的阿斯公司當小職員的金斗植，看見外國人戴的絲綢領帶既華麗又能顯出風度，便向老闆提出生產高級絲綢領帶的建議。建議被拒絕後，他提出了辭呈，並於一九七六年十月二十五日，在一間不到十平方公尺的地方創業，開了零售領帶小店。

他生產的絲綢領帶很暢銷，生意越做越大。在經營上，他採取多品種、小批量和商標多樣化的戰略，使他開辦的克利福德公司不僅在國內營業額領先，且打入了國際市場。這家公司每年出口和內銷的總營業額超過一百二十億元，居同行業榜首。「識在人前，走在人前」是一條古老的命題，在今天看來還有不少借鑒價值，可謂不失王者風範。

最先抓住機遇的人會省去很多和對手競爭的時間，這樣成功的可能性也就會更大。

所謂的先發制人即是這個道理，至少它讓你在市場競爭中少走很多彎路。

二、禮賢下士，以小搏大

在遊戲機市場上，日本製造商A公司一直佔有絕對優勢。A公司起步於一八八九年，在一九五九年最先獲得經營許可證，因引入迪士尼人物而大獲成功。二十世紀七〇年代中期，A公司研製出第一代超級遊戲機，一舉佔領了世界遊戲機市場。陸續幾年來，A公司又推出兩種新產品，至一九九四年三月份，此兩種遊戲機的營業額達四十六點七億美元。A公司的事業蒸蒸日上。

就是在這種背景下，僅僅用了兩年多的時間，一個傳奇式的人物——世嘉（SEGA）突然冒了出來，其產品在市場的佔有率從零一下子上升到百分之四十。

世嘉的絕招之一是在研製遊戲機時，大力發展自己的遊戲大廳——A公司忽視了遊戲廳對開發市場的巨大影響和作用；另外，A公司在對企業的管理中人為地設置了一些障礙，束縛了有關人員的手腳，致使一些優秀人才流失。由於有了遊戲廳，世嘉的新產品有了一個可靠的試賣舞台，減少了投資的風險。

世嘉的絕招之二是尊重人才，對遊戲機的軟體設計人員不僅重金相聘，還讓他們充分發揮自己的特長。一些為A公司作出重大貢獻的軟體開發人才棄職而去，加盟世嘉公司。世嘉還不斷地從大公司中挖掘人才充實自己的力量。例如：本田公司的一位副總裁在三年前因健康原因辭去職務，世嘉立刻把他聘入公司委以副總裁的重任。該副總裁在本田公司任職三十餘年，來到世嘉公司後，對世嘉公司的創造性精神大為讚賞。

世嘉的絕招之三是實施超前策略。例如：在海外建立分廠，搶先佔領海外市場。世嘉公司在香港及中國大陸建廠生產的產品占公司總產品的百分之六十，這都是A公司望塵莫及的。

對於崛起的世嘉，A公司當然不能坐視無睹。A公司技術力量雄厚，資金豐足，且經驗豐富，因此，今後天下的遊戲機霸主是誰，尚難以預料。

三、**借雞生蛋，借錢賺錢**

丹尼爾．洛維格所創立的企業王國，是一個龐大複雜得令人不可思議的跨國公司，它包括全部獨資或擁有多數股權的遍佈世界的許許多多產業：一連串的儲蓄放款的信貸公司；許多家旅館和許多座辦公大樓，從澳洲到墨西哥各地的許多家鋼鐵廠、煤礦及其他自然資源的開發經營公司；在巴拿馬和美國佛羅里達州的石油和石油化學工業煉油廠等等。除此之外，洛維格還擁有一支總噸位達五百萬噸、足以同希臘船王的船隊相媲美的世界性船隊。

然而，令人感到驚詫的是，這一切都是丹尼爾．洛維格白手起家，依靠自己的聰明才智所取得的。其中，他獨特的、高明的借錢賺錢方式，是他事業得以成功的最重要因素。

丹尼爾．洛維格一八九七年六月出生於密西根州的一個叫南海溫的小地方，他的父親是一個做投機生意的房地產掮客，生意還算順手，但並不富有。在他十多歲的時候，父母分居了，他歸父親撫養。這時，他父親發現在德克薩斯州一個以航運業為主的名叫阿瑟港的小城，有些房地產生意的機會，於是，他們便遷居那裡。由於洛維格對船十分著迷，他高中未畢業，就輟學到碼頭上找了份工作。就這樣，他東飄西蕩地混了好幾年。最後，在一家航業工程公司安定了下來，他的職務是到全國各地港口為船舶安裝各種引擎。他很喜歡這份工作，並且發現自己是個好手。於是，他開始利用晚間，為自己找些安裝和修理的兼職員作。十九歲那年，他私人接的工作一個人已做不完了，於是就辭了公司的工作，尋找自己的事業。

洛維格從十九歲開始經營自己的事業，在此後的二十多年中，他一直沒有財星高照，走上紅運。他在航運業裡碰來碰去，做些買船、賣船、修理和包租的生意，有時賺錢，有時賠錢，他手頭的錢一直很緊，幾乎一直有債務在身，有好幾次都瀕臨破產的邊緣。

一直到二十世紀三〇年代中期，年近四十歲的洛維格才開始時來運轉。這歸功於他高明的借錢賺錢的經營方式。最初，他僅僅是想透過貸款買一艘普通的舊貨輪，把它改裝成油輪（運油比運貨的利潤高），他找了好幾家紐約的銀行，銀行的職員們瞪著他的磨破了的衣領，問他能提出什麼擔保物。洛維格雙手一攤，他沒有值錢的擔保物，借錢只得告吹。最後當他來到紐約大通銀行時，他提出他有一艘可以航行的老油輪，現在正包租給一家信譽卓著的石油公司。這艘老油輪和那家信譽卓著的石油公司，幫了洛維格的大忙，大通銀行可以直接從石油公司收取包船租金作爲貸款利息，用不著擔心洛維格還不出錢，只要這艘老油輪不沉，石油公司不倒閉，銀行就不會虧本。銀行就按著這個條件，把錢借給了洛維格。洛維格買下了那艘想買的老貨輪，把它改裝成爲一艘油輪，將它包租出去。接著，他又用同樣的辦法，拿它作抵押，又貸了另一筆款項，買下另一艘貨輪，又把它改裝成油輪包租出去。如此這般，許多年後，每還清一筆貸款，他就名正言順地淨賺下一艘船，包船租金也不再流入銀行，而開始落入洛維格的腰包。他資金的狀況、他的銀行信用，還有他的衣領，都迅速地有了很大的進步。洛維格開始發財了。

洛維格通過借錢賺錢而發了財後，他的腦袋裡又產生了一個更加絕妙的借錢構想。他想，既然可以用現成的船貸款，那麼爲什麼不可以用一艘未造好的船貸款呢？

洛維格的具體設想是這樣的：他先設計好一艘油輪或其他的船，但在安放龍骨前，他就找好一位願意在船造好以後承租它的顧客。然後，拿著這張租約前往銀行申請貸款，來建造這艘船。貸款的方式是不常見的「延期償還貸款」，在這種條件下，在船未下水之前，銀行只能收回很少還款，甚至一文錢也收不回。一旦等船下了水，租金就開始付給銀行，其後貸款償還的情況，就和前述的一樣了。最後，經過好幾年，貸款付清之後，洛維格就可以把船開走，他自己一分錢未花就正式成為船主了。

當洛維格把自己的構想告訴給銀行時，銀行的職員們都嚇呆了。當他們清醒過來，經過認眞研究之後，便採納了洛維格的構想，同意貸款。對於銀行來說，這是一個不會賠本的貸款，在效力方面來講，這個貸款受到兩個經濟上獨立的公司或個人的擔保，這樣，假設其中的一個出了問題，不能履行貸款合約，另一個不一定會有同樣的問題，所以銀行反而可認爲它借出的錢多了一層保障。更何況此時的洛維格早已不是以前的窮光蛋了，不僅有大筆的財產，還有良好的及時歸還貸款的信譽。

借錢賺錢的方式，被洛維格很快地推行到他的所有事業上，眞正開始了他那龐大財富積聚的冒險過程。最初，他是向別人租借碼頭和造船廠，很快地就改爲向別人借錢，修建自己的碼頭和造船廠。這一切都給他帶來極爲可觀的豐厚的利潤。

洛維格如同坐上幸運之船，他這種借錢賺錢的方式，又遇上了第二次世界大戰這個良好時機。對他而言，他所有的船，所有的造船廠都生意興隆，這種興盛從二十世紀四〇年代初一直持續到四〇年代末。

四、超前行動，見好就收

出手迅捷的原則同樣適用於商場上，這就要求你搶先行動，第一個佔領市場。

在當代中國富翁的行列中，有一個從黑龍江生產建設兵團走出來的神奇人物——李曉華。他現任華達集團公司董事長，擁有資產十八億元人民幣。他在致富的道路上悟出的成功的訣竅，用他自己的話來說：「超前行動，是我的最大訣竅」。

在二十世紀八〇年代初期，一些個體戶紛紛南下廣州。在著名的高地街，人們都把目光盯在T恤、牛仔等令人眼花繚亂的服裝上，以便回到當地的市場上，領導服裝新潮，賺上一把。然而這位第一次涉足高地街的李曉華，卻在服裝的大潮中看到了一個更具特色的東西——果汁冷飲機！

它不僅外形別具巧思，而且功能十分奇特。當你喝上它流出的一杯果汁的時候，就覺得冰涼、清新、沁人心脾。在當時的北京，雖然一千多萬居民，但誰也沒在市場上見過這樣的冷飲機。獨具慧眼的李曉華，一眼就看中了它！它，身價很高——足足四百元人民幣！這個數字，幾乎是李曉華第一次南下廣州的全部資本。儘管如此，他還是

「買」！

當這台冷飲機出現在避暑勝地——北戴河的時候，立刻刮起冷飲旋風：冒著大汗的遊客，排起了長隊，一杯接著一杯……一下子十萬多即鋃鐺入袋。就在第一台果汁冷飲機於北戴河獨領風騷的炎熱的夏天即將結束的時候，他毅然決定賣出這台立下汗馬功勞的機器！一些親朋好友都吃驚地問：「一個夏天還未結束，錢就像流水一樣進來了，這就像是一台印鈔機，怎麼捨得把它賣掉呢？這不是很傻嗎！」事實證明，李曉華不是傻透，而是精透。

在李曉華看來，這台冷飲機，今年所以獨領風騷，就是因爲它是第一台，一些腦袋反應快的人，肯定會緊緊跟著。明年的北戴河，將會出現上百台，競爭的激烈程度將可想而知。正如李曉華所預料的那樣，第二年北戴河的夏天，果汁冷飲機到處可見，比比皆是。雖然還有人暢飲，但已不見排長隊的鏡頭了。李曉華勝了，親友們服了。

他利用這筆「原始資本」，購進一台錄影機和一台大螢幕投影機。當它第一個在秦皇島登台，做起MTV生意時，馬上興起了「影像熱」，放映廳場場爆滿，每張票竟炒到十元人民幣一張！就這樣，金錢又大把大把地流進了李曉華的腰包，一舉又賺了數十萬元人民幣。

李曉華發跡的事例告訴我們，出手迅捷，超前行動，領先市場，就能賺取豐厚的利潤。這要求我們永不滿足於現狀，培養超前意識，並且克服遲疑不決的毛病。對那些拖延磨蹭、深受猶豫不決之苦的人們來說，唯一的改正辦法就是果斷的做出決定。否則，這一毛病將成爲摧毀勝利的致命武器。

五、立定方向，勇往直前

在家用電器行業的起點上有兩大功臣：一是理查遜，另一個是休斯。兩人雖然生在同一時代，走的是同一條路子，但後者無論是在事業上、聲譽上，都要比前者幸運得多。

休斯小時候，家境很不錯，他父親是北達科他州的名律師，也許是受了他父親出庭辯護常常成爲轟動新聞的影響，休斯愛上了新聞這一行業。

在讀書這段時間裡，休斯的生活很平淡，既沒有突出的表現，也沒有落於人後。在明尼蘇達大學新聞系畢業後，他進入一家報館做事，這本來是他事業中很正常的順序，但卻在一次偶然的事件中，他毅然放棄新聞工作，開始做起生意來。

在父親的資助下，休斯成立一家小型電器公司，開始研究新產品，他的第一個目標是做飯用的電爐。

說起來，這一選擇也是非常偶然的，當時有很多人已看出很多電器事業具有發展前途，都一窩蜂地在研究新產品。休斯當然也不例外，但研究什麼樣的產品才能賺錢，卻使他煞費苦心。當時，休斯決定一個大的原則，那就是他的新產品，必須是每個家庭的必需品。

休斯的第一件電器產品發明，是在一次很偶然的機會中得到的意念。經過是這樣的，有一天，他到一個新結婚不久的朋友家裡去吃飯，當他吃沙拉時，發覺有一股很濃的煤油味，他只吃了一口就放下勺子，心裡泛起想吐的感覺。但他是來做客的，只好忍住不說。這時他朋友夫婦二人也嘗出味道不對了。「是什麼味道？」他朋友說。「噢，糟糕！」女主人紅著臉說，「一定是我剛才燒煤油爐時，不小心把油弄到菜裡了。」

「這個鬼爐子眞討厭！」男主人說，「才買沒有幾天就常出毛病，有時正急著用火，它偏偏突然熄掉了。要修理它吧，一動就沾一手油，費好大勁才能洗乾淨。」「這是你的經驗之談，」休斯打趣著說，「不用說，你是常幫嫂夫人下廚房啦？」「他才沒有那麼勤快哩。」女主人說，「只有在爐子壞了時，他才會幫幫忙。對不起，我再去重新做一份沙拉。」「不必啦，」休斯說，「我已經飽了。」

他朋友對太太格外疼愛，所以緊接著說：「那就算了吧，珍妮，湯姆不是外人，他不會怪你的。」男主人又笑著對休斯說，「這不是我們一家的煩惱，我在外面吃飯時，也常常吃出煤油味。」

「都是你害的，」女主人白了她丈夫一眼說，「我當時說買個炭爐子就可以了，你偏偏要買什麼現代家具，這可好，害得我天天吃煤油。」休斯在回家的路上，回味著剛才的對話，他想：如果我能發明一種用電的爐子，這種缺點不就可以避免了嗎？

「當你不知道該發明什麼東西好時，你覺得什麼都沒有頭緒，」休斯事後說，「可是，一旦你定下心來，抓住一個目標，其他的雜念就都消失了。」電爐，不但符合他所定下的原則，而且使用簡便，只要能研究成功，必定會受歡迎。

一九〇四年，休斯發明的電爐上市了。起先，休斯在電爐產品推銷上遇到了困難，但恰逢此時理查遜的電熨斗由於推銷得法，曾轟動一時，休斯抓住這一機會，把自己的電爐很巧妙地介紹給大眾。他的口號是：「電熨斗能燙平你的衣服，電爐能溫暖你的心。」

從此休斯打開了電爐銷售市場，電爐銷售成功，休斯的事業基礎穩固了，他馬上又採取一個重大的步驟，擴充設備，大量生產，減低成本，因爲他看準了一點，發展家用電器事業，規模愈大愈有利益。「這種生意不但產品要精良，更要有能搶先上市的潛力。」休斯說，「因爲大家的智慧是差不多的，一件新產品的問世，彼此在時間上的差距是非常小的。你製成一種電爐，別人也許正在製造，如果讓別人的產品先上市，你的就失去一部分新奇和吸引力。」

休斯的競爭手段非常卓越，他常說：「這就跟拳擊一樣，當你一拳把對手打得搖搖欲倒時，你一定要盡快再補上一拳，不能等到他站穩了再出拳。」他這幾句話可以說是他一生做生意的經驗的總結。當他初到芝加哥闖天下時，電器業界沒有人把他看在眼裡，以為他只不過是一個小電器商人。可是，當他的電爐銷路急劇上升同業們正在驚奇之際，他又推出第二項新產品，使同業都產生了措手不及之感。休斯以電器業「黑馬」姿態出現，而後能成為開拓者之一，不能不歸功於他的經營哲學——拳擊式產銷計畫。

在那個時代，人們對電或多或少都懷有一點點恐懼，對於這種消費心理，休斯的印象是最為深刻的，所以他的業務一發展開之後，售後服務也就跟著展開了。

據說，他設計一種用戶訪問卡，凡是使用他的產品的家庭，每週派人去訪問一次，問他們在用電爐時，有沒有不正常的現象？烤爐是不是有什麼毛病？如有毛病，立即免費修理；如果主婦們有什麼疑慮，訪問人員也會親切地予以解釋。

對於現代人來說，每週訪問一次的方式也許太繁瑣了，因為人們對電的知識已了解得不少，再加現在的電器也不容易發生毛病，已不需要太密集的訪問，但在當時來說，這種訪問卻是非常必要的。主婦們不但對電器的使用方式需要更多了解，對電的知識也很想多知道一點，以增加使用電器時的安全感。

休斯摸準了這一消費心理，所以他的做法受到用戶們帶有感激意味的歡迎，因此，他的產品銷路得以突飛猛進。

六、拓展品項，擴張規模

時勢造英雄。每個時代都有它自身的英雄存在。

無論人們快樂或悲傷，或者當你口渴或是尋求刺激時，你都有可能會選擇可口可樂。在世界的每個角落裡，都有它的影子。在人們的生活中，每天不知不覺便有三億多瓶可樂流向了人們的心中。

可口可樂問世，已有一百多年的歷史了。自可口可樂公司建立以來，曾幾度易主。到了二十世紀二〇年代，陷入了嚴重的財政危機。這時一個名叫羅伯特·伍德拉夫的年輕人掌管了公司的大權，使可口可樂公司轉危為安並迅速崛起，被美國人譽為「可口可樂之父」。

伍德拉夫獨斷專行，卻生財有道。二戰爆發後，精明的伍德拉夫看準時機，為美國軍隊的官兵提供廉價的可口可樂，並使其成為軍需品，二戰期間，美國士兵滿懷可口可樂激發的鬥志將它的誘人之處傳播到了歐洲許多國家。二戰結束後，可口可樂的年銷量就達到了五十多億瓶，從此，公司也成爲世界知名的大企業。

接替伍德拉夫的是保羅·奧斯汀。他使可口可樂公司經歷了十年的業務繁榮時期。

在二十世紀八〇年代之前，可口可樂公司的董事長基本上都是傳統的南方人形象，但在八〇年代後，卻出現了一位與前幾位領導人迥然不同的新風格的董事長，帶領可口可樂走入了新一輪輝煌時期，此人就是古茲維塔。

古茲維塔是古巴富有的甘蔗種植園主之子，他在美國邁阿密定居下來，進入可口可樂公司化學研究室工作；溫和的氣候，激發了古茲維塔工作的熱情，他雖然以腳踏實地的細心研究著稱，但越來越顯示出一位出色的行政管理者的才能。

一九六五年，古茲維塔調到公司總部工作，他是可口可樂公司第一批新一代的管理人員。當時，公司在挑選未來領導人時，特別重視擴大可口可樂在海外的業務，因此在新的領導核心中有很多是非美國人。一九八〇年古茲維塔獲擢升爲副董事長。享有「可口可樂之父」尊稱的伍德拉夫選中了年輕有爲、精明能幹、辦事講究效率、對產品質量要求嚴格的羅伯托·古茲維塔來擔任公司董事長。古茲維塔也沒有辜負伍德拉夫的期望，他上台後在四年多一點的時間裡，就把可口可樂公司帶入資產高達七十四億美元的多種經營巔峰。

可口可樂之所以風靡世界經久不衰，其秘訣是多方面的：首先它以品質優良和風味獨特取勝；其次有精美別緻的商標、裝潢精美又引人注目的廣告：但是更重要的是有歷屆領導人科學的管理藝術和市場對策。由於歷史條件的不同，古茲維塔因受伍德拉夫的特別青睞而登上董事長寶座，可在經營管理上，他沒有繼續貫徹伍德拉夫的傳統方法，而採取了截然不同的方式。

在金融方面，伍德拉夫可以說是一位保守的金融家，他厭惡債務。經濟大蕭條前夕，他及時償還了公司的全部貸款，謹愼的財務戰略使可口可樂公司的資金中長期債務不到百分之二。但他在經營過程中，卻把長期債務增加到百分之十八，用這些資金來改建可口可樂公司的裝瓶業務，並買下了哥倫比亞影片公司。他認爲只有利可圖不必害怕增加公司的債務負擔。

古茲維塔是一位出色的企業家，一九八一年時，世界上再也尋找不出第二種可樂了，因爲當時可口可樂公司只生產這單一的一種可口可樂，而且只有一種規格，使用一種容器。這樣下去是不行的，應不斷地豐富產品的種類，古茲維塔大膽地把神聖不可侵犯的可口可樂商場用到了新產品「健怡可口可樂」上。這在當時曾被視爲異端，但事實表明這是對的，不到三年，「健怡可口可樂」便成了美國國內銷售量名列第三的飲料。

古茲維塔受到這個勝利的鼓舞，把可口可樂商標又用到另外五種新產品上，在包裝上也作了很大的改變，使傳統的玻璃瓶裝可口可樂只佔總產量的百分之零點一。

在企業管理方面，古茲維塔一向以要求嚴格、一絲不苟著稱。他反對伍德拉夫等的獨裁專制，但絕不容忍工作上的任何差錯。管理人員中表現不佳的都被他毫不猶豫地請走。他先後共撤換了十多名不稱職的經理，是一個不講個人交情的董事長。

古茲維塔不主張休假，特別是不允許高級經理們在夏天離職休假，因爲那是清涼飲料的「黃金季節」。

早在伍德拉夫統治時期，百事可樂公司利用可口可樂配方絕對保密這點，在穆斯林國家散佈有關可口可樂的謠言，造成一些阿拉伯國家拒絕進口可口可樂。困難擺在眼前，古茲維塔用上了商場上的絕招——廣告。除此之上，他還利用上層人士和社會名流，進行正面宣傳。使可口可樂重振雄風。

一九八四年，公司通過調查發現百分之五十五的被調查者反映可口可樂不夠甜。以此爲據，一九八五年四月古茲維塔大膽地拋開了有著九十九年歷史的老牌配方，採用了更科學、更合理的新配方。但遭到了老顧客的強烈反對。在一些老顧客及裝瓶商們的強烈要求下，爲了滿足顧客的要求，古茲維塔無可奈何地將「原配方」的「古典可口可樂」重新推向市場從而恢復可口可樂的本來面目。但他並沒有放棄新配方，決定繼續生產新配方。

消息傳開後，可口可樂公司的股票每股猛漲到二點七五美元，而百事可樂的股票卻下跌爲零點七五美元。

其他的飲料公司要與陣容強大、實力雄厚的可口可樂較量談何容易。在古茲維塔擔任董事長時期，公司不斷推出各種口味的飲料，使其他公司壓力倍增。如公司推出櫻桃可樂，在味道上同辣味博士可樂很相似，對其極爲不利；還推出芬達橘子汽水，對R・J雷諾工業公司的陽標牌蘇打水也造成很大壓力。可口可樂公司在飲料行業裡擁有最發達的銷售系統，基本上控制或壟斷了這些業務。

可口可樂已成了美國人生活方式的組成部分，公司也成爲美國文化的典型代表。爲了促進這種文化的發展，一九八二年一月，古茲維塔做出了人意料的決定，購買了美國哥倫比亞影片公司。在古茲維塔的管理下，哥倫比亞影片公司成了好萊塢各大影片公司中最注意有效成本管理的公司。

就是這樣經歷著困難與成功，一步步地邁向美好的未來。這其中飽含了領導者的智慧和員工們的熱情。當然，可口可樂最成功的原因還離不開廣大消費者的支持。說實話，如果有一天人們改喝白水，到那時，可口可樂公司還眞得倒閉。

七、區隔產品，對症下藥

日本的「東麗」在二十世紀六〇年代初期還是一家名不見經傳的小公司，但是，該公司自從一九七一年投資應用新原料的生產之後，經過百折不撓的創業，目前，已成爲世界第一流的碳纖維廠商了。

該公司自二十世紀七〇年代開始，每年以百分之二十至百分之三十的增長速度發展，這與該公司現任社長伊籐昌壽有自知之明和遠見有關。

東麗公司的經營策略就是不與競爭對手直接展開正面的價格和同類品種的交鋒，而是採取「圍魏救趙」的經營策略，另闢管道，拓展新商品，實行產品差異化，充分發揮人無我有的優勢。

東麗公司從一九六五年開始研究合纖技術的運用，除了花巨額經費研究分析合纖這種新原料多元化的應用技術外，還派出大量人員到海外各地進行市場調查，最後將兩部分得到的資料進行篩選整理，使之有異於同行產品，然後確定以發展碳纖維爲目標。

一九七一年開始投資生產，一兩年內，由於市場上對該產品的需求量不大，公司虧了本。儘管如此，東麗公司的最高決策者努力研究各方面的影響因素後，認爲虧本是暫時的，前景依然是光明的。果然不出東麗公司所料，不久後，東麗公司的產品逐步被應用到製造高爾夫球桿、飛機材料、人造衛星天線等方面。到一九七四年，東麗公司轉虧爲盈。

接著，東麗公司了解到錄音機、錄影機廣泛進入尋常百姓家，而生產錄影帶和磁帶所需的多元脂薄膜的需求量增大，這正好充分發揮本公司合纖技術專長。因此，東麗公司又投資生產多元脂薄膜，繼而開發人造革多元使用。進入二十世紀八〇年代，東麗公司已成爲合纖原料的最大供應廠商之一。

★貼近流行

八、追求時代需要

日本著名的《日經商業》編輯部在以《時代的要求：輕、薄、短、小》爲名的書中指出：「商品的輕、薄、短、小化是知識與科學的結晶，是千百萬消費者之所求，是時代發展的新潮流。」所謂輕就是輕便、精緻、輕鬆；薄就是厚度小、簡潔、節約；短就是不長、不高、精幹；小就是量少、體小、細巧。概括而言就是小而巧、省材、省能源，物美價廉，符合當今社會大力提倡的環保觀念。這正是當前社會審美觀的新思潮，是產品設計的一個時代特徵。小巧產品以其精巧、輕便、物美價廉的優越性展現著無窮的魅力。

由奧地利工業設計師F·A·波思切（F·A·PORSCCHE）設計，義大利米蘭夏特維爾公司生產的「爵士」伸縮型燈具（JAZZ），當它收縮折疊之後，猶如一本書一樣大小，微微弧度的燈臂板緊貼著燈座，透露簡潔、親切。當消費者使用時，只要打開燈臂板，逐層抽出燈臂板，一座長達六十三公分的檯燈便展現在面前。

「爵士」燈具收攏擺在桌上時，如同一本平整的書。於是不少人稱之爲「平如書本的檯燈」。「爵士」燈具不論居家使用，還是攜帶外出，均極爲輕便。雖然整個燈具造型輕、薄、短、小，然而，功能結構卻達到消費者預期的方便、精巧及適用的需求。

設計師在這個產品的設計中，以伸縮結構推出富有新思維的獨特形態，在小巧和有限的部件中拓展產品的多功能，博取了消費者對具有誘惑力和新鮮感的產品的青睐，從而開創了一個嶄新的市場。

九、廣納顧客意見

日本有家名叫三葉的咖啡店，有一天，店主人發現不同的顏色能使人產生不同的感覺，於是突發奇想：能否選擇一種特殊顏色的杯子，幫助他發財？因此他邀請來三十多位主顧，讓他們每人各喝四杯濃度完全相同而咖啡杯顏色互異，分別爲咖啡色、青色、黃色、紅色四種之咖啡；然後詢問：「你們認爲哪種顏色的杯子咖啡濃度最好？」喝咖啡的人回答的結果是：使用咖啡色杯子時，認爲太濃的占三分之二，使用青色杯子的人都異口同聲的說：「太淡了。」使用黃色杯子的人都說：「不濃，正好。」而使用紅色杯子的絕大多數回答：「太濃了！」從此，三葉咖啡店一律改用紅色杯子。該店老闆借助於顏色，既節約了咖啡原料，又使大多數顧客感到滿意。

美國西屋電器公司曾試製一種保護眼睛的白色燈泡，該公司先請一千三百家用戶各試用兩顆燈泡，兩周後，前往調查使用情況。百分之八十六的主婦反應：比過去的燈泡好；百分之七十八的主婦反映：光線柔美。公司以此作爲廣告資料，在十五個地區，委託一百家商店試賣十萬顆燈泡，並在各媒體登出題爲《具有特別性能的電燈泡》的廣告，把兩次試賣結果及用戶反映公布於社會，很快打開了銷路。

在中國，北京清河毛紡廠曾有一批出口剩下的純毛女衣，準備鋪進國內市場，當時出廠價定爲一公尺十五點三元人民幣。商業部門認爲此價過高，要求工廠削價百分之三十，否則就不予收購。該廠在這種條件下，用市場試賣法調查了市場合適的零售價，他們透過西單商場用一公尺人民幣十七點四元人民幣的單價試賣，結果一搶而空。

事實證明，批發部門的意見是錯的，於是清河毛紡廠以十五點三元人民幣的出廠價批給零售商店，加上零售店的毛利之後以十七點四元人民幣零售價出售，很快全部售完。

無論是日本的咖啡店、美國的電器公司，還是中國的北京清河毛紡廠，均採納消費者的意見作決策，坐收無往不利之效。

一〇、靈活運用資訊

商戰是產品和營銷手段的較量，如何解決這個至難的問題？「假途伐虢」的戰略戰術是一種有效的辦法。也就是說，能夠靈活運用戰爭策略的人，可以有「藏於九地、動於九天」的本領。商戰中，能因勢利導，有所創新，爲眾人之所不能，別人沒做到而我們又能靈活地爭取到，則可以取得商戰的勝利。

在商戰中，根據市場變化，在同一條生產線上生產多品種的產品，不論小批量還是大批量產品都能同樣獲得利潤，而且比對手更快地推出新產品。

花王公司是日本最大的肥皀和化妝品公司，也是世界第六大肥皀和化妝品公司。花王公司在營銷方面的靈活性使其他公司難以望其項背。

花王公司擁有的資訊系統使這家公司及其獨家擁有的批發中心能在二十四小時之內

把貨物送到二十八萬家店鋪中的任何一家，而這些商店的平均訂貨量僅爲七件。

卡尼公司東京辦事處的貝斯特說：「花王公司在一項產品投入市場後兩個星期之內，就能知道它是否能取得成功。它知道誰在購買這種產品，包裝是否可行，是否要做什麼改進。」

花王公司的做法表明，當充分發揮資訊的效能時，靈活性也就隨之而顯現出來。在現代商戰中，企業家看到的已不僅僅是質量問題這一立足點，他們正面臨一場「靈活性」的戰爭。

★前瞻視野

一一、準確預測，經營之神

被譽爲「經營之神」的日本職業經營家松下幸之助，在市場預測方面表現出令人吃驚的先見之明。

一九三三年，松下幸之助決定開拓電機這一領域。當時這一領域早已由捷足先登的一些老廠家一統天下，而且當時在家用電器上使用電機，充其量是用在電風扇上，市場容量極其有限。以家用電器爲事業主體的松下電器製作所的不期而至，令產業界大惑不解，紛紛投以驚異的目光。但是，松下幸之助看到的是電機產業無與倫比的巨大的市場潛力，當年他在向記者發表的談話中作出驚人預測：「將來，隨著文化生活的進步，每家每戶平均使用十台以上電機的一天必將到來！從這個意義上說，電機的需求量是沒有限度的。正因爲如此，我們致力於技術開發，今後當以小型電機爲目標。」

如今，家用電器的時代已經到來，如果沒有小型電機，家用電器就無從談起了。松下公司由於半個多世紀來始終致力於小型電機的研製、開發，它始終領導著家用電器生產的時代新潮，成爲世界上著名的家用電器生產王國。

二、跨國結盟，技術創新

智者，當借力而行。富士通公司正是依靠與德合資之力從低谷走向頂峰，當然這只是其戰略的一部分。

富士通公司創建於一九三五年，公司總部設在日本東京。一九九一年營業額爲二百一十二點二五億美元，利潤額爲五點八億美元，員工達十四多萬人。在世界五百家最佳的工業公司中排名第五十一位。

日本富士通公司是以生產通信設備、電腦及電子產品爲主的公司，是日本首屈一指的綜合訊息及通信設備類公司。

日本富士通公司目前在日本已擁有十五家工廠，近一百三十家分公司。在世界各國擁有近十六家工廠，二十餘家海外辦事處，海外員工達三萬四千人之多。此外還有四十二家子公司，七家合營公司。

富士通最初是從富士公司分立出來的。富士電機公司是日本古河電工同德國西門子公司的合資企業。由於古河電工的英文名第一個字母是「F」（該公司現名古河電器工業公司，FURUKAWAELECTRIC），西門子公司（SIEMENS）在日文中有個字母發音爲「J」，將二者結合便成爲FUJI，即「富士」。因此，這家合資企業名爲富士電機公司。

後來，富士電機公司中的通訊設備部門分離獨立出來，專門從事通訊設備的製造和銷售。這家新企業名字爲富士通信製造，以後更名爲富士通株式會社。富士通從富士電機日德合資企業中分立出來以後，繼續從西門子公司引進技術，生產電話機和電話交換設備。

富士通公司發展壯大的過程分爲五個階段。

◎從一九三五年到一九四九年爲創業期：

這一時期，富士通信製造公司引進了德國西門子公司的技術，製造和銷售電話機和電話交換設備。在學習、吸收和消化外國先進技術的基礎上，公司在一九四〇年首次試製成功T型自動電話機。

◎二十世紀的五〇年代是日本公司的大發展期：

二次戰後的五〇年代，日本經濟迅速恢復，通訊市場隨之飛速發展。富士通信製造公司的業務增長極快。一九五三年公司開始製造無線通訊設備，是這一大發展時期的開始。一九五四年，公司在日本最先研製成功「FACOM一百」型繼電器工自動計算機。從此開始了日本最大的計算機製造銷售廠商的歷史。

◎二十世紀六〇年代是資訊發展期：

在六〇年代的時候，歐美先進國家的資訊產業蓬勃發展。富士通製造公司適時開發製造大型電子計算機。一九六一年二月，公司研製成功「FACOM二二」大型通用電子計算機。一九六二年，公司設立了富士通研究所，大力加強了富士通的研究和開發能力。一九六八年，公司研製成功世界第一台使用積體電路製成的電子計算機。就是在這個時期，公司正式更名爲富士株式會社。

◎七〇年代被稱作國際化時期：

在這一時期，富士通公司開始跨國經營，海外公司紛紛建立。也就在這個時期，富士通研製成功了世界最早使用大規模電路的大型電子計算機。

八〇年代之後的新時代，這一時期，富士通在電子計算機和通訊技術領域完成了許多世界領先的技術突破。

富士通作為日本計算機世界的主導公司，努力為社會提供了將電腦等各種資訊設備有機結合起來的綜合系統，牢固確立了綜合系統創新者的地位。富士通的綜合性先進技術活躍在社會的方方面面，其中有：富士通公司從它誕生的第一天開始，從未間斷過它對高技術的渴望與追求。富士通的技術之夢走在了世界的最前端，創造了最新的技術。為此，他們始終不渝地在基礎科學乃至應用科學的廣泛領域進行研究開發。富士通公司除了在資金方面保證研究開發以外，還尊重研究人員的個性，為他們提供了能夠自主發揮能力的組織及優越的研究環境。這一切使富士通公司的新技術層出不窮，始終保持世界領先地位。

經過整整六十年的奮鬥，富士通公司從一家只生產通訊設備的企業發展為全球性的訊息處理和通訊系統綜合性大跨國公司。其產品主要分為三個系列，即訊息處理、通訊設備及電子元件。

資訊處理方面的產品主要有大型電腦、商用電腦、通用伺服器、開放伺服器、工作站／個人電腦，包括印表機和掃瞄器等在內的電腦周邊設備，以及包括傳真機和調製解調器在內的終端設備。在ＩＢＭ公司之後位居十大電腦公司的第二位。

通信方面的產品主要有電話交換系統、數字傳輸設備、無線電通信系統、衛星通信系統、海底通信系統、應用通信系統和移動通信等。這部分產品營業額占全公司的百分之十五點六。

在高手如林的全球跨國企業中，富士通的名次接連三年上升，從四十二位提高到三十二位，表明了這家公司強勁的增長態勢。

（1）技術創新可以幫助企業在強手如林的市場競爭中站穩腳跟。

縱觀富士通六十年歷史，我們不難看出，技術創新是其發展的動力。富士通積極推動研究與開發、注重技術創新業。「高度的可靠性和超群眾的創造性」是公司的口號。富士通公司在日本國內外設立了許多個研究所，每年投入大量資金用於研究與開發。其研究與開發的投入占公司營業額的百分之十以上。

（2）對於一個技術起點較低的企業而言，合資有利於在較高的技術平台上發展。

可以說，富士通公司的誕生，得益於日德合資企業；富士通初期的發展，得益於德國西門子技術。據富士通公司人員講，直到今天，西門子公司仍然佔有富士通公司的股份，還是該公司最大的外國股東（占富士通百分之一左右的股份）。顯然，富士通的歷史是日本企業與外國大跨國公司合資，引進外國先進技術，迅速成長壯大為跨國公司的歷史。

一三、瞄準邊緣，跨業淘金

說到「姻」，很多人會聯想起愛情的婚姻。其實商家與商家之間，同樣可以聯「姻」來拓展彼此的賺錢領域。

在商家的聯姻中，誰收穫最大呢？

每個企業都有它特定的經營領域，比如木材加工公司所面對的就是家具及其他木製品經營領域，廣告策劃公司所面對的是廣告經營領域。對於出現在本企業經營領域內的市場機會，我們稱之為行業市場機會；對於在不同企業之間的交叉與結合部分出現的市場機會稱之為邊緣市場機會。

一般來說，企業對行業市場機會比較重視，因為它能充分利用自身的優勢和經驗，發現、尋找和識別的難度係數小，但是它也會因遭到同行業的激烈競爭而失去或降低成功的機會。由於各企業都比較重視行業的主要領域，因而在行業與行業之間有時會出現夾縫和眞空地帶，無人涉足。它比較隱蔽，難於發現，需要有豐富的想像力和大膽的開拓精神才能發現和開拓。

例如，在八〇年代的美國由於航太技術的發展出現了許多邊緣機會，有人把傳統的殯葬業同新興的航太工業結合起來，產生了「太空殯葬業」，生意非常興隆。再如，「中國鐵畫」就是把冶金和繪畫結合起來產生的；「藥膳食品」是把醫療同食品結合起來產生的。

羅丹有句名言：「世界不是缺少美，而是缺少發現。」做生意亦是如此，世界上不是缺少賺錢的領域，而是缺少發現。行業之間，如同邊緣學科一樣，尚屬新興市場，開拓者寥寥，策劃的重點若瞄準新興領域，一旦搶得先機，將商機無限。

一四、焦點經營，運籌帷幄

「焦點」，一個刺眼的字眼，一旦走進經營的行業，其帶來的經濟效果是很難用數字去表示的。

某貿易大廈在市場疲軟、營業額大幅度下滑的情況下，認眞分析了市場形勢，提出了「以市場爲導向，實施焦點經營」的戰略方針。

◎**捕捉焦點**：一九八八九年，進口高檔鞋走俏，大廈經營者對這一市場消息進行了分析，果斷地成立了該市首家經營進口鞋的中外合資企業「國際鞋店」，一炮打響。

◎催化焦點：消費需要引導，焦點需要催化。一九九一年春，大廈從市場監測中了解到，南方流行印花仿麻紗西裝，爲了引導北方顧客的消費，把這種西裝催化成消費熱潮，他們聘請時裝模特兒衣著印花仿麻紗西裝，走街串巷，大做廣告，一個月內竟售出四十萬元人民幣的商品。之後，大廈又舉辦了「T恤衫展銷」，請來龍獅舞表演隊與模特兒表演相結合大大刺激了消費，三十天售出五十三萬元人民幣的T恤衫。

◎製造焦點：一九九一年，貿易大廈又捕捉到一個消息：中學生的平底鞋很難買。大廈及時召開了題爲「大家都來關心中學生」的「三方對話會」，大廈經營者與生產者、消費者三方坐在一起暢所欲言，使生產廠家獲得了有價值的建議，據此生產出來的適銷對路的鞋子，又成爲銷售焦點。

透過「焦點經營」，大廈增加了經銷商品的品種和營業額。貿易大廈充分發揮公共關係的核心環節——市場監測功能，使重點商品不斷增加，企業走出了疲軟。市場監測是一項經常性的工作，只有堅持不懈，焦點商品才能不斷出現。市場監測還必須準確、及時、全面，只有這樣，才能促進監測效果向經濟效益的轉化。

隨著競爭的激烈，企業對市場的預測顯得更加重要。企業要眼睛盯著市場，市場的波動反映了消費者需求的變化，企業的一切生產經營活動都必須圍繞著消費者進行。以顧客為中心進行生產活動和營銷活動，是企業經營理念成熟的重要表現，也是經濟規律制約作用的必然結果。一個有遠見的經營者，就是一個明察秋毫、反應敏銳、運籌帷幄的預言家。

一五、高價出手，唯我獨尊

人生如一場棋局，對手是我們身處的環境，有的人能預想十幾步，乃至幾十步，早早便做好安排；有的人只能看到幾步，甚至走一步，算一步。善變的米爾頓．雷諾茲在事業這場棋局中，的確是一位高手。

美國知名企業家米爾頓．雷諾茲就因善於靈活運用高價策略而獲得了成功。一次，雷諾茲發現一家製造鉛字印刷機的工廠因經營不善、效益低下而被迫宣告破產。但該廠生產的這種印刷機的用途之一是能夠供百貨公司印製銷售海報，而當時許多百貨專櫃都在大力推銷產品，需要大量的銷售海報，此印刷機正好能夠滿足他們的特殊需要。於是，雷諾茲立即借錢買下工廠，然後把機器重新定名為「海報印刷機」，專向百貨公司推銷。原來的印刷機，每部售價不過五百八十五美元，更名之後雷諾茲把價錢一下子提高到兩千四百七十五美元。他認定，對某些獨特產品來說，定價越高，越容易銷售。果然，海報印刷機銷路頗好，雷諾茲大賺了一筆。

雷諾茲並不滿足已有的成績，而是時刻尋找新的「搖錢樹」。一九四五年六月，他到阿根廷商談生意時，又以他頗具戰略家的眼光發現了新的目標，這就是今天的原子筆。雷諾茲看準原子筆具有廣闊的市場前途，即馬不停蹄地趕回國內與人合作，晝夜不停地研究，只用了一個多月便拿出了自己的改良產品，搶在對手的前面，並利用當時人們對原子熱的情緒，取名爲「原子筆」。之後，他拿著僅有的一個樣品來到紐約的金貝爾百貨公司，向公司主管們展示這種「原子時代的奇妙筆」的不凡之處：可以在水中寫字，也可以在高海拔地區寫字。這些都是雷諾茲根據原子筆的特性和美國人追求新奇的性格，精心制訂的促銷策略。

果然，公司主管對此深感興趣，一下子訂購了兩千五百支，並同意採用雷諾茲的促銷口號作爲廣告。當時，這種原子筆生產成本僅八美元，但雷諾茲卻果斷地將售價抬高到一百二十五美元，因爲他認爲只有這個價格才讓人們覺得這種筆與眾不同，配得上「原子筆」的名稱。一九四五年十月二十九日，金貝爾百貨公司首次推銷雷諾茲原子筆，竟然出現了五千人爭購「奇妙筆」的壯觀場面。大量訂單像雪片一樣飛向雷諾茲公司。雷諾茲生產原子筆只投入了二十六萬美元資金，短短半年的時間，竟然獲得了約莫一百五十六萬美元的稅後利潤。等到其他對手擠進這個市場殺價競爭時，雷諾茲已賺足大錢，抽身而去。

從以上例子不難看出，商場如戰場，任何一個人想在商場中站穩自己的雙腳並出奇制勝，就必須具有卓越的遠見和非凡的毅力，有勇有謀。這樣，你才能「一枝獨秀，唯我獨尊」，立於不敗之地。

高價策略，即在商品投放市場之時，把價格定得較高，以便經營者在短期內獲得厚利，減少資金的周轉。當然，這需要具有超人的膽識和魄力，因為高價策略往往要面臨巨大的風險，但其中的可觀利潤也頗為誘人。

一六、敢於冒險，倍增利潤

敢冒風險源於自信，如果說自信不一定讓你成功，那麼喪失信心，必然導致失敗。

二戰爆發後，由於戰爭的需要，美國政府決定在維吉尼亞州諾福克市為軍事人員建造一千六百幢房屋。招標要求為在價格便宜的基礎上，還要交貨迅速。投標的建商很多，其中不乏實力雄厚的大公司。但是，競爭的結果卻爆出了冷門，從未經歷過大市面、無多少技術、勢力及資金的小企業拉維特公司竟然壓倒群雄，一舉得標。而拉維特公司，也乘勢一舉發展成為五〇年代美國建築產業的少數巨頭之一。

當時，拉維特公司參加投標並得標，確實冒了很大的風險。那時公司所面臨的情況是，公司的資金嚴重缺乏，技術也不夠強大，經驗也缺乏得很，而且招標工程的範圍大，其價格要求低，完工交貨期限短。這些都要冒很大的風險，難怪當時負責此項工程的美國政府官員曾說：「他們肯定馬上要破產，政府工程肯定也會由此延誤。」

拉維特公司的冒險並不就等於自不量力，更不等於胡鬧；因爲它的風險性決策和科學決策並不矛盾，都建立在對客觀情況的了解、各方面訊息的掌握以及科學的計算分析的基礎上。拉維特公司的依據之一是戰時建築業處於停滯狀態，各種物資、器材、人員都相當充足；沒有設備，沒有技術，沒有人員，可以租、雇、請，而且價格較便宜。加之一千六百幢軍人住房是成批的單一生產，可以大幅壓低費用、縮短時間，這是大前提；依據之二是此項工程是政府主辦的軍用設施建設，不管是籌措資金還是和各方面打交道，肯定是代價小、速度快、不會有任何拖延，這是小前提。

所以，拉維特說：「只有笨蛋才按平時民用住宅的框框來制定投標書。」最後的結果出人意料，拉維特公司的工程進展順利，早早完工。著實令那些不看好該公司的政府官員和建築同行吃了一驚。

拉維特公司的成功就在於他們準確地運用了風險性政策。

時下，「市場經濟」、「風險投資」正是熱門話題。雀巢集團執行長包必達一句

「不冒險是最大的風險」，也成了熱衷風險投資的人們的座右銘。的確，風險和利潤大小是成正比的。如果風險小，許多人都會追求這種機會，收益也不會大；如果風險大，許多人都會望而卻步，所以能得到的利潤也就會大些。從這個意義上說，風險就是利潤，巨大的風險可能帶來巨大的收益。因此，要成功，就要敢於冒險。

一七、開發創新，永續經營

杜邦這個名字是當今經濟界幾乎人人皆知的，它是世界最大的化工企業，以生產尼龍、塑料等化工製品著稱，現在正雄心勃勃地向其他領域進軍。

杜邦公司總部設在美國，它的營業額每年逾五百億美元。

這家公司能夠不斷發展，獲得經營成功，是與不斷開拓，著眼未來，敢於投資搞科技研究和開發新項目分不開的。

杜邦公司目前擁有各種學科的專家和工程師五千多名，在美國和世界各地設有研究室五十多個，近年來，每年開支科技研究經費近十億美元，一九八八年的開支爲十三億美元，比往年增加百分之五。一般來說，其科研費用的開支約佔其總營業額的百分之四左右。

杜邦公司的決策者深刻領悟到，在科技日新月異的發展和競爭日益激烈的今天，產品是企業的生命，一成不變地生產經營固定的產品，企業是不會興旺發達而最終要自取滅亡的。只有不斷地根據市場需求和科學技術的發展開發新產品，才是企業經營的根本之道。企業吐故納新的生機所在，表現在產品的更新換代和創造出新上。

本著以上宗旨，杜邦公司除不斷改進和提高尼龍和塑料製品的經營外，近年來還不斷開拓新的項目，以此促進了企業的發展。

航太工業已經成爲該公司瞄準的主要項目之一，現正在推出航太工業所需的各種性能零部件，這些零件具有傳統金屬所不具有的性能，它包括高強度、堅硬、輕質、耐磨性、易加工保養的多性能特性。是從本公司傳統產品中推陳出新的產品。

開拓汽車工業亦是杜邦公司近年的主攻項目。據統計分析，目前一輛汽車應用塑料已達兩百磅，主要用於車內裝飾、底盤、車身外殼和結構部件。杜邦公司已開發出一種叫維斯珀爾的超耐磨樹脂，能用於汽車空調系統的各種閥門。同時還開發出一種類似橡膠的塑料，能承受高溫和振動，可作爲發動機的支承部分。此外，正在研製的新型耐化學腐蝕性塑料，擬作爲汽車燃料系統的部件和剎車的軟管等部件的原料。

最近幾年，杜邦公司還極力開發電子工業，以發展電子新材料爲主攻方向。其研製的一種塑基膠片，能用雷射構思設計電路板的複雜電路。這種產品投入生產後，將成爲電子工業的一種強勁競爭項目，同時，杜邦公司利用雷射進行數據儲存和通訊的新材料開發，一種能把光束分成幾個光束進入光導線路的材料即將問世。另外，杜邦公司還與英國等外國公司進行合作研究。

在纖維方面，杜邦公司在一九八七年推出了斯坦麥斯特纖維，用它製成地毯不怕弄髒，極易清潔。而另一種新產品叫塞馬克斯張纖維，它製成服裝後在寒冷地區穿著能保暖，在炎熱地區穿著感到涼爽。這些產品在市場上極具競爭力。

在食品包裝和衛生保健方面的新原料開發，杜邦公司也在加緊進行，並取得了可喜的進展。人們說開發創新出「杜邦」，從「無」中創造出「有」，看來有一定道理。

一八、尖端技術，引領潮流

廣州華凌集團在二十世紀八〇年代後期決定投資三千萬美元進入冰箱市場。當時中國國內已有一百多個生產冰箱的廠家，許多冰箱廠開工不足，市場並不景氣，華凌人爲什麼還要走入冰箱項目呢？

在作出決策前，他們對中國境內冰箱製造業的狀況進行了周密的調查。發現雖然冰箱廠家不少，但多數技術層級低，功能和外觀均有諸多不足，眞正技術層級高的廠家並不多，而中國市場對層級低、功能少、外觀差的冰箱已供過於求，但層級高、功能多、外觀好的冰箱仍供不應求，市場前景仍很廣闊。為做出最後的判斷，他們派人到義大利、美國、日本等國進行考察，了解世界三大冰箱流派的技術、設備、發展前景以及對中國家庭的適用程度，經過全面分析、反覆比選和六次可行性研究，最後一錘定音：走「技術起點高，產品質量高」的道路。他們放棄造型簡單的歐洲流派，引進適合國情的日本三菱技術；放棄國內盛行而國外開始衰落的直冷技術，選擇了能代表世界冰箱發展趨勢的風冷技術和旋轉式壓縮機。

事實證明華凌集團的判斷是正確的。請看華凌前進的步伐：他們在一九八八年生產出第一台華凌牌電冰箱；一九八九年即率先衝出市場疲軟低谷；一九九〇年迅速扭虧為盈，獲淨利數百萬元；一九九一年一舉奪得中國國優金獎；一九九二年獲大陸全國質量效益型先進企業稱號，躋身全國家用電器十強；一九九三年華凌集團股票在香港成功上市，是中國家電業第一家。

一九、以小吃大，飛速擴張

世界上有許多企業，由於經營得法，成長率超速。按成長率排名，在二十世紀五〇至六〇年代，格林公司可列榜首，成長率舉世第一。然而有誰知道，它就是靠以小吃大發展起來的。

「以小吃大」，是指一個資本額較小的公司，敢把比自己大得多的獨立公司收買或合併過來，並使它成爲自己的子公司。但這需要資金，而格林敢以長期借貸作爲周轉資金的手段，一旦瞄準目標，便不惜借貸巨款進行合併。如果對方不容易就範，便出高價購買對方的股票，待超過半數時，即接管過來。他實行這一策略，許多人都不理解，認爲長期借債不划算，而格林正好相反，他認爲長期借債是上策之上策，只要經營得法，營業利潤總是大大超過銀行利息的。這就是格林能夠以較少的資本成功地經營大企業的手法。到一九六七年，格林運用此種策略，合併了十二家獨立公司爲自己的子公司。而他合併的公司是不問哪一種類型的，只要認爲有利可圖，就千方百計地去弄到手。

有人稱謂，格林公司好像是一個太陽系，總公司如同太陽，十二個子公司就是十二個行星，圍繞著太陽轉。而且行星還會不斷增加！所以格林還獲得另外一個外號，這個外號幾乎是無人不知，那就是：侵奪別人公司的魔術師。

二〇、注重研發，珍視人才

商海無情，適者生存。競爭儘管要淘汰一些弱者，但同時也成就那些強者。

要想從一個地方性的小企業發展成爲一個全球性的大公司，這其中付出的是可想而知的。德固薩公司正是這樣的一家公司，起初它只是在法蘭克福提煉金銀的小企業，後來卻發展成爲在金屬加工業，化工業製藥頂頂盛名的公司集團。說到這，它們的商標不得不提，其商標是太陽月亮同在一個圖形中，這其中太陽和月亮分指金銀，這不僅表明公司的起源，更標誌著公司的未來。

現在的德固薩集團分爲三大公司：德固薩母公司，主要經營貴金屬、牙科產品和化工——ASTA MEDICA公司，主要經營製藥業；LEY BOLD公司，主要經營一些技術性的工藝金屬業。德固薩集團擁有三萬二千個股東，在德國有十七個生產基地，在歐洲及海外有一百三十五家控股公司。銷售風覆蓋全世界許多國家。一九九〇至一九九一年度公司總營業額爲一百三十三點五億馬克，其中金屬業佔到七十四點四一億馬克，化學工業占四十五點八五億馬克，製藥業占十三點二四億馬克。

爲在激烈的競爭中取得優勢，公司對其主要的經營方針進行了不斷的調整，並在公司面是入困境時，果斷地採取措施。使公司財政保持良好趨勢。幾年前，爲了提高公司的業務和部爭能力，德固薩公司提出了一系列「DCGUSSA二千」口號，研究與開發是其中一個重要內容。

德固薩公司一貫注重研究與開發，將其視爲未來發展的保證。在組織機構上，理事會成立了研發委員會，負責制定公司所有的研究策略，確保各技術領域最理想的相互協作及有效地控制研發中的重覆性工作。總公司設有研發部，研發部門以生產更新、更好、更經濟及對環境更有利的產品爲目標，爲公司各部門的研究開發提供服務，它的任務包括綜合分析，提供各種專業文獻、文件並制定公司的研發計畫和合理的增長點。這樣一來，就可以確保公司收益。具體的業務研究開發則分散在公司各部門，以保證產品更接近生產第一線和市場。

另外，公司還十分重視綜合性的研究，使得金屬、化學和製藥的研究極好地結合在一起，開啓了研究的思路和研究的靈活性。這樣縱向和橫向組結合的研究機構和方式保證了德固薩公司研發的高水準和高效率。

研發經費逐年增長，即使在近年公司經營不利的情況下也有大幅增長。一九九一年，公司的研發經費比前一年提高了百分之五點七，達到四點八十億馬克。正是由於對研發的高度重視，才使德固薩公司從一個以金銀業起家的企業，成長爲一個在多個高新技術領域閃耀光輝的全球性企業。

研發的另一個目標是環境保護，保證生產過程的安全、保護生態平衡是公司進行研發的最高原則。公司認爲，在利益的背後時常潛伏著非利益的東西，應該跳出狹窄的專門科技領域，注重解決全球性問題。公司在一九八九年至一九九〇年度用於環境保護的投資達三千二百萬馬克，一九九〇至一九九一年度達三千八百萬馬克，占資產、工廠和設備經費的百分之五，這些投資使工業環保、工廠安全和員工健康大爲改觀。

一九八八年，德固薩公司提出了質量改良工藝，這個工藝被認爲是公司迎接二十世紀九〇年代挑戰的必要措施。公司實行各負其責的制度，員工通過培訓後更實施了這一計畫：凡參與管理的員工都對產品的質量負責。這樣一來投入到市場的產品就能保質保量了。在質量改良工序中，發展與提高員工素質被視爲提高水準的最有效的措施。公司給員工在廣泛的範圍內提高個人技能和技術質量的機會，經常舉辦行政人員、銷售人員、管理人員、監督人員和工人的職業培訓班。

在德固薩公司，「人」被視爲最寶貴的「資本」，公司最直接的做法是讓所有員工都成爲公司的一部分，讓員工成爲公司的主人。德固薩公司自一九三六年起開始在員工中進行利潤分成。這項利潤分成計畫經過了長期的檢驗後，公司於一九八七年簽訂了一份正式的利潤分成協議，並列在利潤支出的清單和每年的財務報表上，此後每年根據公司紅利的數量和淨收入額給員工分成，作爲對員工服務年限和努力程度的一種獎勵。退休人員同樣因曾有過的貢獻而受到公司關照。

這種做法使員工們得到一種回家的感覺，當家做主的人做什麼都得考慮周全仔細，有了這樣一心一意的員工，哪裡還怕什麼激烈的競爭。

★定位清楚

二、求小求精，一炮而紅

義大利飛雅特汽車公司是排名世界第五、歐洲第二的大型企業，迄今已有近百年歷史了。一九九五年，飛雅特集團營業額高達四百七十七億美元，員工二十三點六萬名，在世界三十多個國家開設有分廠和分公司。只有五千七百萬人口的義大利，全國共有兩百萬人直接或間接從事飛雅特汽車的生產、供銷和修理業務。

飛雅特公司在總結自己的百年創業史時，認爲汽車小型化和國際化是戰勝一個又一個困難的法寶。正是有了這個法寶，才使該公司安然度過了兩次世界大戰、七〇年代石油危機、九〇年代初生產大衰退等危機。

義大利是個資源貧乏的國家，缺乏工業生產所需的礦產和原料，全國國土的五分之四是山地和丘陵，這些對發展汽車工業都十分不利。一九一〇年前後，義大利工人的年平均工資只有八百至九百里拉，而當時一輛中等排氣量汽車的售價卻高達一萬里拉，勞工階層難以承受。汽車小型化的經驗，是由飛雅特創始人喬凡尼・艾涅里從美國福特汽車公司學來的。他於一九〇九年去底特律市的福特汽車廠參觀時，看到該廠從一年前開始生產經濟型小汽車，面對比較低階的市場，不設定最終售價。上述中等排氣量的汽車，同樣功率，在美國售價每輛只要八千里拉。艾涅里從中得到啓發，從此，他就定下了汽車生產的戰略：汽車要小型化，生產要系列化，目的在於降低成本、降低售價，以便奪取市場。於是，飛雅特「零型」小汽車誕生了，實際售價每輛低於七千里拉，而且進行規模生產，年產達兩千多輛。

市場國際化也是飛雅特公司成功的重要經驗。義大利的經濟實力不及德國、法國、英國等西歐國家，國內市場對汽車需求量有限，因此，飛雅特公司從創辦初期就瞄準國外市場。它從一九〇一年就開始向法國出口汽車，一九〇二年開始向英國出口汽車底盤，一九〇三年開始向美國市場銷售汽車，一九〇五至一九〇七年間，飛雅特汽車的出口額占本公司營業總額的近兩成，當時就遠銷西班牙、比利時、英國、印度、秘魯、阿根廷、葡萄牙等國。僅向英國出口的汽車就佔其總產量的近一成。

汽車的小型化和市場國際化使飛雅特公司創造了「奇蹟」。例如，二十世紀五〇年代問世的飛雅特五百型小汽車，外形像甲蟲，體形特別小，省油、價廉，銷售量達三百六十八萬輛。這種汽車目前在羅馬街道上還可以見到。前幾年，日本人曾出高價收購這種汽車，將它們視爲珍品，加以珍藏。

此後，飛雅特公司不斷推出自己的「拳頭」產品，它們都是微型轎車，諸如飛雅特六百型小汽車，銷售量達四百萬輛；二十世紀七〇年代推出的飛雅特一二七型小汽車，銷量達五百三十三萬輛；八〇年代推出的飛雅特一號小汽車，銷量達六百二十四萬輛，該型汽車在八〇年代中後期曾連續四年稱霸歐洲市場，擊敗了福特、雷諾、大眾等名家產品，爲飛雅特公司創下三年利潤達四十多億美元的記錄。

飛雅特公司生產的法拉利賽車舉世聞名，自一九六九年起，它已在世界汽車大賽上奪得了一百多次冠軍。飛雅特公司總是將最先進的技術用在賽車上，不惜重金聘用世界著名賽車手駕車參加最著名的世界大賽，以達到最大的廣告宣傳作用，這也是飛雅特公司的傳統。他們聘僱的賽車手蘭恰、納扎羅、卡尼奧、博爾迪諾、薩拉馬諾等人，都是世界超一流的賽車手。法拉利賽車在獲得了世界級賽事的一百零八次冠軍後，一九九七年又推出了裝備有十缸發動機的F３０B型新賽車。法拉利車隊並同德國著名的賽車手舒馬克簽訂了三年合約。飛雅特董事長羅米蒂信心十足地說：「我們擁有世界上最優秀的車手舒馬克，我希望今年的成績能比去年好得多。」

法拉利轎車是非常昂貴的高檔豪華轎車，世界各國的闊佬們都以擁有這種豪華轎車來顯示自己的身份和實力。迄今爲止，全世界共有四十多個國家購買了這種轎車。這種轎車產量有限，一九九五年和一九九六年各生產了三千三百多輛，最低售價每輛在十二點五萬美元，最高售價達五十三點五萬美元，令人咋舌。這種稱得上是世界最昂貴的F50型法拉利轎車，總共只生產了三百四十九輛。

儘管賽車生產也是飛雅特公司的一項重要業務，但人們可以相信，飛雅特公司在今後日趨激烈的國際汽車業競爭中，一定還會堅持以小型化、節能化等作爲汽車生產的操作指南。

二二、立足本業，穩健經營

英國路透社是當今世界三大新聞通訊社之一，大量的新聞訊息每天從這裡傳向全球各地。當中國大陸的新聞媒體還遠未像今天這樣發達，甚至當大陸還遠未改革開放的時候，中國人就早已熟知「路透社」這個名字，並且通過它的消息來了解外面的世界。到了二十一世紀的今天，人們的觀念早已發生劇烈的變化，傳播通訊、資訊服務早已滲透到經濟社會的每一個角落，各行各業都在激烈的競爭角逐中痛苦地重整，潮漲潮落間，人們的角色漸漸地發生著改變，主角的面孔已是幾經更迭。然而，路透社這個有著一百五十多年歷史的英國老牌通訊社，卻以它穩健的作風繼續在它的舞台上唱著主角，並且還將繼續唱下去。那麼，路透社是如何演繹當代傳奇的呢？

如今的路透社，實際上已與一百五十多年前僅是傳遞新聞的通訊社形象有所不同了，它如今擁有的資產總額高達十四億美元，而且每年的總收入中只有不到百分之六是靠出售新聞而獲得的。尤其引人注目的是，路透社爲全球各地外匯交易市場提供的外匯訊息服務，每年就至少能盈利十億美元，佔有外匯訊息服務業市場百分之六十八的佔有率，幾乎壟斷了全球的外匯訊息服務市場。此外，路透社還爲全球各地的股票交易所提供股票行情消息。在過去的十二年裡，路透社通過各種金融消息的發佈，獲得了極爲可觀的利潤，有一年該公司的總收入則達到了創記錄的七點零五億美元。毫無疑問，路透社已經當之無愧地發展成爲全世界首屈一指的金融資訊公司。

路透社總裁彼得・喬勃，從一九九一年起成爲路透社的最高領導人。他這樣總結他的經營理念：對所有稱職的總裁們來說，他們的任務就是對好意見置之不理。按照彼得・喬勃的解釋，不論一家公司實力如何雄厚，它的資金都是相對有限的，因此一家公司的總裁只能盡自己的力量去尋找眞正絕好的主意。在當今世界企業兼併成風的環境裡，路透社的領導者們絕不盲目趕時髦，而是謹愼小心地從公司內部挖掘潛力，尋找新的增長點。

鑒於路透社在全球的影響和經濟實力，不可避免地成為投資銀行家們逐鹿的對象。許多投資銀行家們找上門來，竭力推銷他們的收購企業計畫。當然這些計畫有時候聽起來也很吸引人，然而喬勃卻從來不為所動，而堅持他的前任和他長期以來恪守的方針，努力使路透社立足於本行業不斷發展，而不輕易掏出大筆資金去收購其他企業。喬勃認為，收購其他企業是單純地購買股權，而路透社要做的卻是創造新的市場，這兩者之間有著很大的差別。要想創造一個新的市場，很可能會遇到失敗，然而一旦成功，就能夠在這個新市場上成為主導者，整個市場都將屬於你。

在此指導下，路透社的投資並不意味著簡單地購買其他企業股票。而且即使它打算購買其他企業，也往往買那種尚處於發展階段的小型公司。路透社曾經買下兩家出售訊息管理軟體的公司，這兩家公司的軟體主要用來傳送和監控交易所電腦裡的實時報價，因此被路透社收購後能夠借助於它的訊息服務獲得市場。如今，這兩家軟體公司的年營業額為四點一八億美元，佔據著該軟體市場百分之六十的市場佔有率，眞可以說已成為路透社的錢袋。

從金融消息的提供上來看，路透社如今已在全世界各大交易所擁有二十二點五萬部電腦螢幕，實時顯示該公司傳送的外匯行情及股票價格。相比之下，美國道•瓊斯公司的電子報價系統也只不過擁有十點六萬部電腦螢幕。此外，路透社還開辦了進行外匯交易和股票交易的兩大交易系統，使得交易者們通過電子手段直接展開交易，傳統交易模式所必需的電話、傳眞和經紀人等中間環節都被省略，從而降低了交易的成本。

眼下，路透社又將目光投向了廣告業，該公司的設想是將自己發佈的資訊和行業雜誌如《廣告時代》等提供的消息結合起來，變成供廣告等行業經理人員使用的電子資料。路透社對如何使自己的訊息得到充分利用有著很多設想，像電子、保險及運輸等行業都在它的視線之內。對於路透社來說，它大顯身手的潛力還遠遠未能全部展現出來。

二三、兩面作戰，一箭雙鵰

百貨大王徐有庠，祖籍江蘇海門縣，在台灣商界屬於「上海幫」三巨頭之一，是台灣遠東關係企業集團的開山祖師，其集團資產淨值逾六百億元新台幣。

徐有庠發展壯大的謀略是：「不相信紡織業是『夕陽工業』的理論，認定衣食住行是人類生存之必需，對紡織業的前途始終抱樂觀態度。」

二十世紀三〇年代，徐有庠進入上海十里洋場，從事紗布、棉業、雜糧生意。四〇年代初創辦上海遠東織造廠，四〇年代末五〇年代初，遷廠台灣，組建遠東紡織公司，打出「阿里牌」棉紡織品旗號。紡織工業是在「工業革命」時就已產生的老牌工業，面對激烈競爭的市場，日益上漲的工資成本，微薄的銷售利潤，眞是困重重、氣息奄奄，人們哀歎紡織工業已走過了它的鼎盛時期，進入了夕陽西下的階段。徐有庠或許是出於一種對專業的依戀之情，對上述議論持否定態度。他認爲衣著、布料與人們的生活息息相關，爲人類生活所必需，而且「雲想衣裳花想容」，生活富裕起來的人們必定對新的衣料和款式有新的追求。紡織工業只要不斷開發新產品，引導人們對華服的需求，永遠是大有可爲的。於是徐有庠推出了「兩面作戰」這種連環計策略：一面是在棉紡織業的基礎上，投資數億美元，創辦化纖紡織業，研製新型布料；另一方面是發展遠東百貨公司，大力擴展屬於自家旗號下的紡織品銷售網，創造市場，引導消費。「兩面作戰」的實施，使徐有庠一舉獨佔台百貨業的鰲頭。

二四、抓住機遇，招賢納士

成功是一種輝煌，但輝煌絕不應是透過投機取巧所得，眞正的輝煌應是透過實幹得到的。

二十一世紀是資訊世紀。當一九七一年世界上第一台電腦問世時，它便以不可阻擋的趨勢進入世界的每個角落。電腦時代的初期，由於很多顧客不知道軟體怎樣選購或編製，使得機器並沒有全部發揮作用，有時甚至被閒置一邊。

二十四歲的孫正義以敏銳的眼光發現了這個薄弱環節，他找到了問題的癥結所在：開發軟體的公司與購買使用的顧客之間缺少互相溝通的一座橋樑，雙方的資訊嚴重堵塞。他想，如果能夠在兩者之間建立一條流通管道，溝通微機軟體開發企業與顧客之間的交流，那將是可以大展鴻圖的事業！

孫正義抓住這一難得的機會，於一九八一年九月正式創立「日本軟體銀行」。開張伊始，孫正義初戰不利，月營業額還不到四千零五日圓。經過廣泛宣傳和努力經營，公司利潤額便蒸蒸日上，從而名聲大振，孫正義也成為轟動一時的「企業界神童」。連日本經濟界一些資深企業家，也感到這個「神童」可敬可畏。

孫正義明白：當今世界已進入綜合運用電子電腦技術的時代，任何人僅憑個人能力單槍匹馬做事業顯然不行。為了在激烈競爭中站穩腳步，就要有一群精明強幹的創業人才。於是，他開始多方物色，招聘各種有識之士。很快，他便在東京電視台附近尋得一片小天地，艱難的開始了日本軟體銀行的生涯。孫正義從軟體製造企業那裡購進軟體，專心致力於建立流通途徑。田鎖幾個人則大張旗鼓的推動《軟體銀行》雜誌的發行工作。這份為宣傳和推銷軟體而辦的雜誌，在孫正義的督促下，從籌備出版到流通書店，總共花了不到二個月的時間。這驚人的速度和辦事效率，在日本出版界極為少見。此後，他們一鼓作氣，陸續創辦出版了七種雜誌。同時他們與電視台聯繫，大做廣告，促使雜誌銷售量猛增，很快達到三、四十萬份，年營業額達十五億日圓。在日本浩如煙海的各類雜誌書刊中，他們的雜誌營業額直線上升，迅速躍居第三十位。

經過一段時間的經營，日本軟體銀行踢開了「頭三腳」，於是他們開始改善工作條件。讓我們看看孫正義日本軟體銀行的驚人發展速度吧。從一個面積為六十平方公尺左右、僅擁有兩名員工的辦事處發展到在三百三十平方公尺的辦公環境中有六十名工作人員，日本企業界人士，以驚異的目光注視著這顆企業新星的發展。

日本軟體銀行的迅速發展，亟需一個善於協調各方關係的「大管家」。孫正義求賢若渴，並有意招聘「天賜」日本警備保障株式會社副社長——大森康彥。

孫正義驅車到職業介紹公司，鄭重的要求他們不惜一切代價，設法將大森請到日本軟體銀行來工作。經職業介紹公司努力，不久協商成功，大森辭舊從新，來到日本軟體銀行。一九八三年三月，日本軟體銀行向外界宣布，該公司已經內定大森康彥為社長。這意味著，一個五十三歲的頗有能力的人，將要屈尊在一個年僅二十六歲的年輕人手下工作。消息傳開，立刻轟動了日本企業界。

大森走馬上任後，憑著多年的經驗，立即著手整頓社內組織。在確保人才不外流的情況下，積極物色各方面的人才，發展壯大組織，同時建立健全一系列規章制度，使社內風氣爲之一新。

在日本軟體銀行，從孫正義、大森康彥到基層職員都意識到：旗開得勝並不意味著今後能一帆風順，居安思危方能百戰不殆。況且軟體銀行始創初興，在強手如林的激烈競爭中，不能有半點陶醉和懈怠。

以孫正義爲首的日本軟體銀行並不僅是埋頭苦幹，他們還逐漸把焦點對準了國外市場，不僅決定在美國設立軟體銀行，還要去歐洲大陸開設公司。在亞洲，他們也打算盡快與中國同行開展合作。

日本軟體流通這項全新的事業，在孫正義這樣的新企業家的開拓推動下，正像一股新潮，湧向各方。

抓住機遇，招賢納士，是商界新寵孫正義成功的兩大因素。但具備了這樣的條件，還得不斷努力發展自己的企業，才能在商戰中立於不敗之地。

二五、甘爲配角，保全企業

某個機械廠以前爭強好勝，貪大求全，產品門類眾多，卻沒有一個像樣的品牌產品，企業瀕臨倒閉，許多工人絕望之餘想捲起鋪蓋回家種田。後來，經過工人選舉出的新廠長認爲，要使企業活過來，必須揚長避短，主動靠攏大廠，甘當配角。

經過市場調查，他們決定將原來的六個車間，合併爲兩個車間，專門生產又髒又累，利潤微小，大企業不願意幹，卻又離不開的鑄鐵件。由於產品單一，便於攻關，加工近一千噸產品均達到國家標準，產品合格率達百分之九十八以上。一九九一年，在許多機械廠產品銷售不暢的情況下，他們卻拿到一九九二年全年的生產訂貨合約。這個廠在市三百多家鑄造企業中，第一個跨入省級一級企業。

可見，甘當配角，有時也不失爲企業的一條生存之路。

★建立同盟

二六、友好策略，延伸觸角

同是汽車製造大國，何以一方得以順利進入另一方市場？看看日本三菱汽車是如何開進美國市場的吧。三菱汽車公司創建於一九〇五年，公司總部設在日本東京。一九九一年營業額爲二百零一點零九億美元，利潤額爲一點八二億美元，員工有四萬多人，在世界五百家最大的工業公司中排名第五十三位。

從一九三二年三菱重工業汽車部開始生產第一輛大型客車算起，到目前爲止，該公司生產的大型客車已達二十多萬輛，是日本目前最大的大型客車製造企業。

一九七〇年，三菱的營銷者們發現一條低成本、低風險進入美國市場的途徑。

一九七一年到一九八一年間，只有一百萬輛三菱小轎車和小型卡車在美國被賣掉，它們使用的商標名稱是道奇、柯特、切林奇、普里茅斯、沙波羅等，美國購買者根本不知道這是日本的三菱汽車。除此之外，三菱公司的業務人員對克萊斯勒在銷售上的努力也不滿意，認爲美國公司推銷他們自己的小轎車更起勁，因爲銷售他們自己的產品盈利更多。可是他們知道三菱在歐洲市場的占有率是在美國市場的兩倍。

一九八五年，三菱汽車公司與美國克萊斯勒汽車公司合資成立「鑽石星汽車公司」，各占百分之五十股份。鑽石星汽車公司生產三菱ＥＣＬＩＰＳＥ等品牌汽車，結果這些型號的汽車被美國著名的汽車製造專業刊物《汽車與駕駛員》從一九八九年起連續四年評選爲十大最佳汽車之一。一九九一年十月，三菱汽車公司將鑽石星汽車公司股份全部購買下來。一九九二年三月，克萊斯勒將持有的部分三菱汽車公司的股份售出以後，持股比例只占這家公司的百分之五點五八。儘管克萊斯勒所占資產比率大幅降低，但是，三菱與克萊斯勒的合作一直很密切。

在卡車製造與銷售的跨國經營方面，三菱在美國也取得了優秀成績。一九八五年，三菱FUSO卡車美國公司（MMSA）成立，一九九二年三月，這家公司在美國已擁有一百三十九個銷售商。

然而在設廠之初，形勢並不明朗。MMSA需要一套營銷策略來面對市場的不確定性，以便使銷售和收益均獲得成功。在低配額下，公司既要建立一套強大的銷售網路，還要解決和美國同行的競爭、產品的低知名度以及新市場存在的文化差異等問題。MMSA的副總裁理查德意識到，在進口產品市場的激烈競爭中，他的公司所面臨的任務是使美國消費者相信三菱汽車具有特別的優點，獨一無二。他決定把營銷戰略建立在顯示母公司實力的基礎上，而不是使三菱的產品看起來像其他汽車。因此，對於同一個市場層次來說，三菱所選的產品線和所定的價格在其他日本汽車之上。使三菱在人們心目中比與之競爭的產品具有更多的特點、更多的技術、更多的創新和更合理的價格。根據以上目的，上文中提到的鑽石星公司那三種型號的汽車被選中了。另外，MMSA還決定推銷小型卡車（小型卡車不包括在自願限制協議內）。

MMSA成功的關鍵在於它的銷售網路，理查德想透過幾家獨家經銷商來推銷產品，在開始的兩年裡，分布於二十二個大都市的這些獨家經銷商的營業額占全公司總營業額的百分之四十三，MMSA的業務人員和這些商人保持著密切聯繫以保證成功。

作爲對三菱公司牢牢占領美國市場的一種平衡的作法，一九九二年，三菱汽車公司重新修訂了一九九一年十一月簽訂的購買美國產品議案，修改後的議案包括以下內容：

（1）三菱汽車設在美國的工廠將購買包括克萊斯勒公司發動機和變速器在內的汽車零組件。一九九四年財政年度，購買費用將達十二億美元，等於一九九〇年的三倍。

（2）一九九四年財政年度，從美國進口的汽車及零組件達四億美元，比一九九〇年財政年度增長一點六倍。

（3）一九九五年財政年度在日本銷售的美國汽車將達六千輛。與此同時，三菱公司早已在美國市場生根發芽發展壯大了。

當雙方的利益能以合作夥伴的形式得到共用，就不存在所謂的利益衝突。

二七、雪中送炭，別有用心

近些年來，微軟和蘋果電腦一直是電腦市場上的「重量級拳王」，互爲對手，在市場競爭中鬥智鬥勇，各逞風流。

一九九七年八月六日，電腦界傳出了一項驚人的消息，微軟公司的總裁比爾·蓋茲宣布，他要向陷入危機中的蘋果電腦電腦公司注入資金一點五億美元。消息一傳出，電腦界無不爲之愕然，世界人士一片嘩然。

蘋果電腦公司虎落平陽、龍困淺灘，昔日的王者風範已經逐步消退，差一步就要被淘汰出局，若微軟再出重拳，肯定會將蘋果電腦逼到絕路，微軟非但沒有這樣做，而且還解囊拉蘋果電腦一把，著實令世人大吃一驚。微軟的此番行動所爲何來？

蘋果電腦電腦公司是家大名鼎鼎的高科技企業，二十年前，賈伯斯與夥伴沃茲尼克在美國矽谷的一個破舊車庫裡創立了引起電腦產業革命的蘋果電腦公司。

賈伯斯第一個將電腦定位爲個人可以擁有的工具，就像汽車一樣，可供每個人使用，這在那時可是破天荒的觀念。對一般人而言，過去的大型電腦簡直是一頭巨型怪物，被供奉在電腦中心的冷氣房中，精心保護著，只有少數受過專業訓練的人，才可以接近並利用它來做點事。

賈伯斯基於自己的想法，推出供個人使用的蘋果電腦，從而引起電腦迷們的重視。尤其是蘋果電腦所開發的麥金塔軟體，是一件劃時代之作，開創了在螢幕上以圖案與符號呈現操作系統的先河，使用起來更方便，是軟體業的革命性突破。

靠著這些制勝法寶，蘋果電腦公司剛剛誕生便一鳴驚人，它的銷售業績連年遞增，經營規模不斷擴大，企業實力迅速增加，它在個人電腦市場的占有率曾經一度超越老牌巨人IBM公司。蘋果電腦公司志得意滿、威風八面，大有傲視群雄的派頭。

進入二十世紀九〇年代以來，電腦的網路化趨勢越來越明顯，全球網際網路成了人們的熱門話題，許多電腦公司都意識到，要抓住九〇年代的價值增長機會，需要抓住時機及時搭上網路這趟快車。

實際上，這次機遇確實也造就了一大批電腦業的後起之秀，如微軟公司及網景公司等。這些電腦業的新秀充分利用網路化這一趨勢，著重確立自身在某一方面的優勢，從而站穩了腳步並獲得了迅速發展。蘋果電腦公司在這一潮流中卻反應遲緩，行動滯後，使它的優勢逐漸喪失，市場占有率急劇萎縮，財務收支狀況連年惡化，一九九五、一九九六年都連續處於虧損狀態，虧損金額竟高達數億美元。

爲了挽回昔日聲譽，重現蘋果電腦雄風，蘋果電腦公司也做了諸多努力：

一九九六年蘋果電腦公司曾宣布裁員計畫，試圖靠降低人員開支來降低成本，達到阻止經營惡化的目的。近幾年，蘋果電腦公司又頻繁的更換公司領導人，甚至又請出了蘋果電腦公司的創業元老賈伯斯出任總裁，希望藉此恢復蘋果電腦元氣。

儘管如此，蘋果電腦的經營業績仍然不盡人意，昔日的王者之氣已退失殆盡，蘋果電腦帝國已處於風雨飄搖之中。在蘋果電腦公司焦頭爛額、度日如年之際，昔日的對手微軟公司突然伸出了援手，不僅讓蘋果電腦深感意外，也讓所有的電腦界人士迷惑不解。

眞的有雪中送炭的救世主嗎？毫無疑問，在爾虞我詐、你死我活的資本主義市場競爭當中，是不可能出現這種奇蹟的。儘管比爾．蓋茲曾是蘋果電腦公司中的一員，曾參與過風靡一時的麥金塔的研製開發，但和自身的經濟利益比較起來，這一份對蘋果電腦的舊情無疑就顯得份量太輕了。

蓋茲不是普渡眾生的「救世主」，他向蘋果電腦公司注資一點五億美元以幫助蘋果電腦渡過難關，是有他自己的打算的。蓋茲深知，「瘦死的駱駝比馬大」，蘋果電腦作爲一家輝煌一時的電腦霸主，儘管其目前元氣大傷，窘境連連，可是它潛在的實力卻不可低估，連賴以異軍突起的制勝法寶「視窗」操作系統軟體，也有蘋果電腦的麥金塔軟體的影子在裡面。

許多電腦公司也都抓住蘋果電腦乏力的機會，紛紛提出與他合作的建議，如一九九六年蘋果電腦就與康柏等公司結成了聯盟。微軟公司的一些主要競爭對手如國際商用機器公司ＩＢＭ、大智公司，特別是網景公司都在借助與蘋果電腦的合作來和微軟明爭暗鬥。目前世界上使用「視窗」軟體的個人電腦已經達到百分之八十五，但微軟公司仍不敢小看蘋果電腦與其他大軟體公司的合作，它們一旦取得某種突破，則勢必會造成一定的市場衝擊，影響到微軟公司的經營業績。

若及早將蘋果電腦拉到微軟這一邊就可以減小對微軟的不利影響，提高微軟公司的經營安全度。蓋茲還考慮到了法律方面的狀況。美國《反壟斷法》規定，如果某個企業的市場占有率超過一定標準，市場中又無對應的制衡產品，那它就要面臨壟斷方面的調查。

若蘋果電腦公司徹底垮了，那麼以微軟公司操作系統軟體的市場占有率（約百分之九十二）就要受到美國司法部門和聯邦貿易委員會按反壟斷法進行質疑，若眞那樣，微軟公司爲這場訴訟付出的費用將大大超過它從蘋果電腦讓出的市場中賺取的利潤。屆時大批的麥金塔愛好者們也將紛紛投入到微軟的競爭對手的陣營裡。而若是把蘋果電腦拉過來，兩者操作系統軟體相加就差不多占領了全部個人電腦市場，在這種情況下，微軟與蘋果電腦的軟標準實際上成了整個行業的標準，別人只有跟著走的份兒了。

在此時，由於微軟實力大大超過蘋果電腦，因此它也可以左右局勢，不必擔心受到蘋果電腦的牽制。保留蘋果電腦公司顯然是對微軟有利的。

此外，在網上瀏覽器方面，微軟一直心存不平。當初，判斷稍慢，讓網景公司捷足先登，占領了大部分市場，微軟一直在暗中尋找機會，試圖奪回自己在網路方面的優勢。

透過與蘋果電腦聯手，微軟公司可以將自己生產的瀏覽器附裝在每一台蘋果電腦的包裝盒裡，用戶如欲用網景瀏覽器，就得自己去買軟體，自己安裝，極不方便，這就爲微軟的ＩＮＴＥＲＮＥＴ ＥＸＰＬＯＲＥＲ增加了競爭獲勝的籌碼。

由於目前昇陽系統、ＩＢＭ等公司在聯手開發功能強大的開放性ＬＩＮＵＸ程式語言，有意把它開發成繼「視窗」之後未來的網路標準操作軟體。那將嚴重威脅到微軟的「視窗」軟體，是微軟最不願意面對的前景。

微軟對蘋果電腦憐香惜玉，計畫讓其他軟體公司應付「ＪＡＶＡ」構成的挑戰，可謂用心良苦。

二八、共生互利，塑造形象

「共生」現象使得生物界能夠生存發展。日本佳能公司則以「與人類共生」爲宗旨，實現了超穩健的發展。一九八七年，在佳能成立五十週年慶典上，佳能老闆莊嚴宣佈，將「共生」作爲公司的基本宗旨。「共生」被解釋爲「利益均等」和「爲人類做出貢獻」。「共生」微妙而又概括地反映了佳能在參與社會事務，提供有益技術，以至關心環境等方面做出的卓越貢獻。經過半個多世紀的努力，佳能已成爲全球性的跨國企業，佳能商標已在一百四十多個國家註冊，佳能的產品已深入到世界各個角落。佳能集團現有六萬二千名職員，分佈於世界各地，兢兢業業地致力於高科技領域的開發和突破，在照相機、辦公與通信系統、精密光學及精細化工等領域不斷創新，向人們提供了一系列優質服務。一九九一年，佳能公司的利潤額爲四點一七億美元。在世界五百家最大的工業公司中排名第八十三位。

佳能是雷射列印技術的先驅，對該領域的研究開發遙遙領先。佳能從電腦領域的早期發展中，就意識到工商界及個人，需要一種噪聲低、速度快、質量高的印表機，然而，噴墨印表機卻做不到這一點。而雷射印表機則完全塡補了這些方面的不足。開發出輕便、高效的佳能雷射印表機，代表了佳能在生產技術方面的突破。其中之一是雷射掃瞄器的研製，其技術關鍵是一個多稜鏡，它非常精細，面差不到激光波長的四分之一，以每分鐘兩萬轉的速度旋轉，把圖像印在滾筒上。佳能的高性能BP 8MARKⅡ型印表機可與一切的主要軟體兼容，能使用多達三十一種可縮放字體。截至一九九五年，佳能已生產了八百多萬台雷射印表機，主宰了世界雷射印表機市場。無疑，佳能已成爲這一技術的絕對權威。同時，佳能的照相機、攝錄機、傳眞機以及化學製品、光學產品、電腦與訊息系統、醫療系統等也都代表了世界先進水準。

對任何一家跨洲越洋的公司來說，最嚴峻的考驗莫過於與當地社會的交融，爲當地提供適合當地用戶的創新產品。二十世紀八〇年代末期以來，佳能在世界各主要國際市場建立了研究與開發中心，從而保證了佳能履行其所應承擔的職責及貫徹佳能的行動綱領。例如，設於倫敦的佳能歐洲研究中心（CRE）側重於電腦語言和音頻產品的研究；設於加州的佳能美國研究中心則是電腦技術的研究基地；設在加州的佳能訊息系統公司，則主要是開發電腦軟、硬體和辦公系統；設在法國雷納的佳能歐洲研究發展中心，專門從事數位電信的研究；設於雪梨的佳能澳大利亞資訊系統公司，則集中於資訊軟體的開發。雖然佳能的全球性研究與開發計畫從二十世紀八〇年代末期才開始實施，但已初見成效，大大推動了當地市場的發展。

佳能人始終牢記，佳能的成長壯大，最終是要靠全人類的信賴。佳能對社會提供的服務即是對這種信任的回報。這正是佳能把所奉行的「共生」宗旨，融入人類生活和企業經營的結果。

在當今世界，佳能算得上是最成功的跨國企業之一。佳能人能有今天，「共生」的哲學是他們的精神支柱。佳能人認爲，企業不能「天馬行空、獨來獨往」，企業的一切努力都必須與「時代發展、現代科技、世界進步、地球生存、人類生活」相協調、相合拍。佳能人領悟了這些，就將這些貫穿、滲透到企業的日常經營和長遠發展之中。他們悟到了企業存活、發展的眞諦，並認眞地去做了，從而企業也就發展了。這對那些只顧一時盈利或「敏於言、訥於行」的企業應有一定的啓示。

二九、化敵爲友，做大市場

在西方，企業與企業之間的競爭，往往是你死我活、異常激烈，用一句「同行是冤家」來形容，一點也不過分。

美國紐約的梅瑞公司爲協調自己與其他同行的關係，緩和彼此的矛盾，開設了一間「諮詢服務亭」。在全世界數不勝數的大商廈中，此「亭」也許是絕無僅有的。

「諮詢服務亭」的宗旨是：顧客如在本公司內沒有買到稱心如意的商品，它負責指引顧客到有此類商品的公司去購買，即：把顧客推向自己的競爭對手。

「諮詢服務亭」的開設不僅沒有把顧客「逐走」，反而引來了更多的顧客。一些想購買奇特、貴重商品的顧客因爲不知該到何處去買，所以專程進入梅瑞公司向「服務亭」詢問。當然，公司內琳琅滿目的商品是不會讓他們空手離去的。

自「諮詢服務亭」開設以後，梅瑞公司與同行們的關係大爲好轉，競爭對手們對梅瑞公司的友好之舉都表示敬意。俗話說：投之以桃，報之以李。對手們在友好對待梅瑞公司的同時，還主動上門與梅瑞公司交換「情報」，梅瑞公司因此而聲名鵲起。

從以上我們看出：商戰，不僅是實力的鬥爭，也是智謀的較量，有時，實力不強的一方，依靠智慧和謀略，反而能夠取得勝利。

第二篇　智慧領導

三〇、上行下效，風行草偃

金宇中是世界著名的韓國企業家。他領導的大宇財團早在一九七四年便成爲韓國十大企業集團之一，一九九二年進入世界一百家最大企業行列。金宇中的成功有多方面的原因與機遇，但是，人們不能不提到他在企業管理和用人之道方面的自身表率。

金宇中創業二十多年來，著魔似的工作，他一心撲在工作上，每週工作七天，每天工作十七小時，若非不可抗拒的因素，他的工作日程從不改變。有一年，爲了商務工作他竟在國外奔波了兩百一十天；有一天他的早餐在美洲，午餐在歐洲，晚餐在非洲。他創業七年成「大王」，八年成財閥，十年名滿天下。

金宇中主動積極向國家納稅。他認爲沒有股東、職員、顧客以及國家和社會的支持，企業不可能存在和發展。因而，企業掙得的利潤，還應回歸社會，企業家盡了些經營之力，不過是對國家、社會應盡的義務。他說：「我經營企業不是爲了索取，而是爲了進取，爲了創造更多的社會財富；不是要讓家屬繼承企業，而是讓專門經營者的時代進入韓國企業發展史。」他這樣想，也這樣做。一九七七年，剛剛年滿四十歲的金宇中，一年就向國家繳納個人所得稅三億元。整個「大宇」繳納個人所得稅一百多億元，被國稅廳定爲「誠實申報法人」。

一九八三年八月二十九日，金宇中正式將創業十三年積蓄的全部私產一百六十億元股份和四十億元不動產，自願奉獻給社會，由大宇文化福利財團掌管，他自己同時辭去大宇集團總裁的職務。從此，大宇由全體股東共同經營，金宇中及其親屬不再擁有一個股份，金宇中成了「大宇」的一位員工。用他自己的話說就是「已不再是大宇的老闆，而是一個專門經營者」。

對於他的突出貢獻和表率，一九八四年六月十八日，國際商會第二十八屆會員大會授予他「國際企業家」獎，並稱頌他「把公共利益置於個人利益之上，爲世界企業家樹立了一個光輝的榜樣」。此獎每三年授予一人，榮譽極高，瑞典國王親自給他佩戴上金質獎章。

金宇中自身的這種表率作用，無疑會在經營管理、選才用人等方面產生經商以信、待人以誠的效應，從而造就金宇中個人與「大宇」的輝煌。

三一、低調做事，一視同仁

日本有一個叫「任天堂株式會社」的企業，居日本企業的第三位。第一位是有七萬多名職員的豐田公司，第二位是著名的日本電報電話公司，約有職員一百二十三萬餘人，而任天堂株式會社卻只有九百五十人。

爲什麼一個不到千人的公司，竟能每人每年創利潤八十萬美元？這除了該公司的經營策略等原因外，很重要的一點，就是企業領導人能夠以身作則，作出示範效應。

這個企業的時任總經理爲山內博，被稱爲一位沒有企業家風采的人物。他既不愛社交，也不願在財經組織中任職，更不出席宴會，他的最大樂趣就是幹活，唯一的愛好是同京都的另一「怪人」——一家半導體廠的老闆在業餘時間下圍棋。就是這樣一位一心專注於事業的人物，對市場資訊及投資方向卻異常關注，他不惜克服種種困難和跨越無數激流險灘，數度更易其投資項目。在一九七七年向遊戲機發起衝擊，到一九八〇年以液晶電子遊戲與電子表相結合而成的遊戲手表一炮走紅。以後，又相繼推出廉價而實用的家庭電子遊戲機及與之配套的專用遊戲卡匣。後面推出的遊戲卡匣，大大撩撥起了消費者的購買慾望，並多次煽動著市場的熱浪。

此種產品在國內銷售三億多個，在海外則累計銷售四億個。使這個不到千人的中小企業，硬是把松下、日立、東芝、新力、日產、本田、三洋等擁有幾萬人甚至十幾萬人的國際馳名大企業甩到了後邊。任天堂株式會社之所以有如此迅猛的發展，除了善於經營之外，還有一個許多企業所沒有的特色，員工之間的人際關係十分融洽。而這一特點與總裁山內博的辦企業方針有極大關係。照理說，作爲一個大企業，起碼每年應保持上百萬元的交際費，但錢多得沒法花的任天堂卻一個日圓也不給。不僅如此，這個企業雖賺了大錢，可是員工工資收入並不是很高，即使設計開發出新產品，爲公司增加收入上百億日圓的人，也不過是多拿點兒獎金而已。這個企業有個「規矩」：大家都是平等的，任天堂裡沒有英雄。

三二、適才適所，相互尊重

成功的企業必有成功的用人制度，本文的主人翁將會有企業的用人管理方面爲我們做出成功的楷模。拍立得公司是世界著名的相機廠家，該公司能在世界上擁有如此廣泛的盛名是與其創始人蘭德善於用人、發揮別人之長處分不開的。當蘭德在哈佛大學當學生時就對偏光鏡片產生了濃厚的興趣，並爲之毅然休學，專門研究偏光片。

皇天不負苦心人。一九二八年，蘭德研製出了他的第一個偏光片，興沖沖地跑去找當時在一家專利公司服務的丹諾•布朗請教有關專利之事。布朗起初並不對此產生興趣，但當他聽完蘭德爲偏光片描述的廣泛應用前景後，不禁爲其長遠目標和爲了將科學技術融入生活而不懈追求的精神所感動，簽協議與蘭德長期合作。從此之後，兩人互相配合，合作默契，布朗不僅成爲蘭德的專職專利顧問，而且後來成爲拍立得公司副董事長兼法律顧問。蘭德提出申請專利時，已經有四位發明家提到了減弱車燈不使它炫目的想法，而且早在一九二〇年就有人提出申請專利。當布朗了解到這些情況後，在一九二八年底，就建議蘭德設法尋求母校哈佛大學的支持，利用哈佛的先進試驗設備改進偏光片的技術水準，並利用哈佛的巨大影響幫助蘭德申請專利。

在哈佛，蘭德找到了研製偏光片的合作者——物理學講師喬治·惠萊，並於一九三二年創立「蘭德—惠萊實驗室」，同年取得偏光片專利。一九三七年，蘭德成立「拍立得」公司，走上了科技爲社會服務之路，公司自成立到二次大戰之前向社會推出的產品有：

（1）適合用汽車前燈和雨刷採用的偏光片，這種偏光片使駕駛員在夜間行駛或對開的時候，不會被對方的強光刺花眼，又能使自己的車燈照清前方的路面；

（2）受科學實驗室和照相師歡迎的濾光片；

（3）一種不會反光、供人閱讀用的燈罩；

（4）售價僅爲一點九五美元的太陽眼鏡；

（5）觀看彩色立體電影的專用眼鏡。

在一年多的時間內，「拍立得」銷售了一億多具，總價值六百萬美元的電影專用眼鏡。

科學實業化，爲解決社會的需求而使蘭德獲得了極大的成功，他的另一項發明——六十秒照相術不僅使人們能獲得即拍即得的照算，還爲照相業帶來了革命性的變革。

當蘭德決定發明六十秒照相術時，他首先面臨的難題是如何在一兩分鐘之內，就在照相機裡把底片沖好，並能適應攝氏0度到攝氏110度的氣溫，而且用乾燥的方法沖洗底片。令人感到難以置信的是，在六個月之內，蘭德就掌握了解決所有這些問題的方法，這種近似誇張的速度，一方面來源於他毫不間斷的工作，更來源於他吸收了一大批年輕有爲、具有良好科技研究素質和事業心的科研人員；另一方面則得益於他堅持不懈，不向困難低頭的拚搏精神。

在這批科研人員中，最有代表性的是一名叫密蘿・摩絲的史密學院畢業生，她爲軟片技術做出了許多重要貢獻，並後來成爲黑白底片研究部的主任。

在六十秒照相術的研製過程中，科研人員遇到了重重挫折，以致以摩絲小姐爲首的幾位年輕科研人員開始懷疑其可行性。但蘭德在失敗前面不低頭、不喪氣，並積極鼓勵各位研究人員。在他的熱情鼓勵下，一九四七年，六十秒相機終於誕生。爲使這一技術盡早地爲人類服務，蘭德決定盡快把它推銷到市場中去。蘭德再一次體現了他善於與人合作，發揮所長的能力。

蘭德和他的助理請來哈佛大學商學院的市場專家一起研討對策，而且還請到了一名推銷高手——何拉．布萊。布萊在推銷方面有極高的才華和天賦，他的加盟為拍立得的六十秒照相機的推廣做出了巨大的貢獻。他後來成為公司的副董事長兼總經理。

布萊和他的助手為相機推銷想出了一個絕妙的方法。

在每個大城市選上一家百貨公司，給他們三十天推銷蘭德照相機的專賣權，條件是百貨公司在報紙上大做廣告，進行大肆推銷。這樣，布萊幾乎沒有利用什麼推銷組織就把相機賣了出去，而他花的廣告費用那麼少，似乎連在波士頓一地做個廣告都不夠用。由此為公司省下了大筆費用。

一九四八年十一月二十六日，六十秒相機首次在波士頓一家百貨公司上市，顧客爭相搶購，銷售之熱以至於忙碌的店員不小心把一些沒有零件的展覽品也賣了出去。初戰告捷。布萊在邁阿密用了一個別開生面的推銷方法，在邁阿密游泳池和海灘附近，布萊雇了一些妙齡女郎和救生員，用六十秒相機拍攝事先安排好的，有驚無險的救生員搶救女郎的鏡頭。不到幾個星期，邁阿密商店裡的蘭德相機被搶購一空。而且由於邁阿密度假的都是來自美國各地的有錢人，他們度假返回無形中就成了蘭德相機的宣傳員。

推銷活動從一個城市移到另一個城市，銷售高潮也從一個城市漫延一另一個城市。

在一九四九年，蘭德相機營業額高達六百六十八萬美元，其中五百萬美元來自新相機和軟片。

在六十秒照相術獲得極大成功後，蘭德並不滿足於此，他一再要求他的設計人員設計一種又輕又方便的照相機，使一億美國人攜帶蘭德相機，就像身上的皮零部件、腕上的手錶一樣普遍、輕便。

拍立得之所以能成為世界上幾大相機公司之一，就像蘭德所說的還在於「尊重每一個員工的尊嚴，充分發揮每一個人的專長，將優秀人才和資金技術、市場組合到一起，生產出人們從沒想到過的新型實用產品」。

領導者最重要的素質是能充分發揮每個人的專長。在關鍵時刻吸收各種專業人才，為公司的目標服務。正因為蘭德具有卓越的組織能力和充分調動周圍同事的積極性和創造力，使他能在不同的創業時期吸收各種人才並竭盡全力為其服務。如懂專利法的布朗、擅長推銷的布茨、技術開發能力極強的摩絲小姐等等，一些優秀的人才自願地彙集到蘭德的周圍，成為拍立得公司的中流砥柱。

蘭德尊重員工，以身作則。以自己的實際行動帶動員工的創造性。在遇到挫折之際，不急躁、不氣餒，而是鼓勵大夥一起鑽研，最終研製成功拍立得相機。

拍立得的成功也可以說是蘭德的成功，他為現代的企業家如何用人樹立了很好的楷模。

三三、慧眼識才，力挽狂瀾

日本東芝電器公司是當今世界屈指可數的「名牌」公司，但是，二十餘年前，東芝電器公司因經營方針出現重大失誤，負債纍纍，瀕臨倒閉。在這個生死之刻，東芝公司把目光盯在了日本石川島造船廠總經理土光敏夫的身上，希望能借助土光敏夫的「神力」，力挽狂瀾，把公司帶出死亡的港灣，揚帆遠航。

土光敏夫目光敏銳、果敢剛毅富於創造性，具有大將風範。早在二戰結束時，負債纍纍、瀕於破產的石川島造船廠毅然挑選了土光敏夫出任總經理。

土光敏夫分析了國內外形勢，得出了一個結論：困難是暫時的，經濟復甦必然會來臨，而經濟復甦離不開石油，運輸石油又離不開油輪，油輪越大則越「經濟」。為此，土光敏夫果斷決策：組織全體技術人員攻關，建造二十萬至三十萬噸巨型油輪。由於從來沒建造過這樣大的油輪，全廠員工信心不足。土光敏夫不斷地與各級管理人員促膝交談，鼓舞士氣。為了集思廣益，土光敏夫創辦內部刊物《石川島》，讓全廠員工隨意發表意見。土光敏夫還建立目標管理制度，把全體員工的利益、榮辱與造船廠的利益、榮辱緊緊聯繫在一起，終於造出了二十萬噸級油輪，使造船廠擺脫了困境。土光敏夫從一開始就把造船質量放在第一位。一九五〇年，一艘高速巨輪在駛出船塢時撞在了碼頭上，碼頭被撞壞，巨輪只有些輕微擦傷，經檢查後，一切正常。

這件事傳出後，世界各地的船商都看好石川島的船，購買新船的訂單接連不斷，石川島從此稱雄世界，土光敏夫也從此載譽世界。

東芝公司擔心的是：土光敏夫的事業如旭日東昇，他會拋棄一個成功的事業而進入一個負債纍纍的企業出任「社長」嗎？令東芝公司驚異的是，土光敏夫立即作出響應：「沒問題！」

土光敏夫就職於東芝電器公司後所「燒」的第一把「火」是喚起東芝公司全體員工的士氣。土光敏夫指出：東芝人才濟濟，歷史悠久，困難是暫時的，曙光即在前面。土光敏夫說：「沒有沉不了的船，也沒有不會倒閉的企業，一切事在人爲。」

在喚起東芝公司全體員工的信心後，土光敏夫大力提倡毛遂自薦和實行公開招聘制，想方設法把每一個人的潛力都發揮出來。土光敏夫還大力提倡敬業精神，號召全體員工爲公司無私奉獻。土光敏夫的辦公室有一條橫幅口號：「每個瞬間，都要集中你的全部力量工作。」他以此爲座右銘，每天第一個走進辦公室，幾十年如一日，從未請過假、遲到過。土光敏夫一直到八十歲高齡的時候還與老伴一起住在一間簡樸的小木屋中。

如今，日本東芝電器公司已經躋身於世界著名企業的行列，它與石川島造船公司同被列入世界一百家大企業之中。

三四、栽培後進，審慎交棒

韓國「財界之父」李秉哲知人善任，認眞選擇繼承人的故事是很耐人尋味的。

李秉哲爲了選擇繼承人，從很早就開始了對幾個兒子的考察。方法是選擇不同的企業讓他們去繼承、經營。開始，李秉哲先讓長子孟熙試著經營幾家企業。不到六個月，其長子不僅把這幾家企業搞得一塌糊塗，還給整個三星集團帶來很大危害。孟熙發現自己能力不行，自願放棄了繼承權。在大哥的「榜樣」下，二兒子昌熙也主動提出他只希望選擇有興趣的公司穩健經營，不接管龐大的企業集團。

三兒子鍵熙曾先後在早稻田大學和華盛頓大學學習管理專業。李秉哲爲了培養他的經營能力，讓他參與第一線的經營。經過很長一段的傳、幫、帶，才逐步確立了鍵熙的繼承人地位。鍵熙繼任三星集團總裁後，充分顯示了他的經營才華，光大了三星事業，由李秉哲在任時三十二個系列企業擴展到一九八七年的四十二個系列企業。

繼承人的正確選擇使三星事業蓬勃發展。

三五、知人善任，晉用怪才

知人善任就是不拘一格地使用人才，尤其是有獨特才能的人。

在日本權威經濟刊物——《日經商業》雜誌列出的優秀企業排行榜上，本田汽車公司雄踞榜首。本田公司的創始人本田宗一郎，才思敏捷，經營有方。本田宗一郎出生於一個鐵匠之家，從小酷愛機器。他四十歲時創立本田公司，錄用企業人才時，偏愛「不正常」的人。

有一次，公司在招收優秀人才時，主持者對兩名應徵青年取捨不定，向本田請求指示，本田宗一郎隨口答道：「錄用那名較不正常的人。」本田宗一郎認為，正常的人發展有限，「不正常」的人反而不限量，往往會有驚人之舉。這種用人方法對本田公司創業不到半世紀就發展成為世界超級企業起到相當大的作用。

「本田技研社」的信條是：沒有個性鮮明的人才，就不會產生獨具特色的商品。因此，他們專門招收個性不同的「怪才」。本田的職員一般是兩種人：一種是「本田迷」，即對本田車喜歡到入迷的程度，他們不計較工資待遇，而是想親手研製發明新型本田車；一種是一些性格古怪的人才，他們特愛奇思異想，喜愛提不同意見，或熱衷於發明創造。

本田認為：對職員必須大膽委託工作，但要提出高目標。至於如何達到，領導無須指手劃腳，讓「怪才」們自己想辦法。「人只有逼急了，才能產生創造性」。在美國獲汽車設計大獎的本田新型車，都是那些被視為「怪才」的人發明的。

總之，企業的領導人，商戰中的指揮者，應時刻注意因才施用，知人善任，取長補短，把人才選拔到、使用到最適合其特點的崗位上。如果各人的長處都得到發揮，那麼，強將手下就不會有弱兵了。

第三篇　創意經營

三六、明修棧道，暗渡陳倉

分散對手的注意力，集中目標改其一面，無論在戰場還是在商戰中都同樣奏效。

美國廣播公司、全國廣播公司和哥倫比亞廣播公司是美國廣播電視行業的三大巨頭。當默默無聞的泰德．透納準備在這個行業裡分一杯，並夢想著有朝一日能「四分天下」時，爲自己制定了「暗渡陳倉」的進攻策略，以求出奇制勝。一方面給對手造成一種假象：透納公司實力弱小；另一方面卻不斷積累力量和資金。

他找到一件外衣把自己包裹起來：亞特蘭大電視台公開的經營方針是不涉足新聞製作，只傳遞生活娛樂節目。這個策略意味著亞特蘭大電視台的地位低下，經濟實力也很弱小，似乎無意與誰一決雌雄。當時任何大型傳播公司都熱衷新聞製作，耗資巨大，新聞製作展示著公司的實力，與廣告收益相輔相成。新聞也同時展示著節目的涵蓋率。

一九七三年，透納做出了一個驚人的決定。以高價買下亞特蘭大的勇士棒球賽的轉播權，雖然代價高昂，但透納醉翁之意不在酒，他是要以棒球賽爲契機，建立起有線電視系統的亞特蘭大勇士網絡，開發和佔據這一頗有潛力的空白地帶。透納清楚地知道，他將擁有一批客戶了，因爲許多小型電視台由於費用太高而不願轉播此類節目。

透納靠他的電視台來賺錢，他的另一個憧憬是建立有線新聞網，這是要贏得更爲深遠意義的東西——在人們心中的威望，它是這場曠日持久的爭奪戰爭中最爲關鍵的一步。透納深知，三大巨頭這一次不會視若無睹了，他們馬上會對他的經營狀況展開全面的調查。

幾個月來，人們一直風傳透納要躋身於新聞製作，但多數人並不信以爲眞。新聞製作的競爭非同小可，耗資龐大。他們認爲透納根本就沒有能力參一腳。

三大公司透過詳細而精密的調查，認爲透納沒有採取任何整兵措施，聽之任之；他們的專家斷言，透納的冒險計畫不可能起步，即便起步也會很快的夭折，因爲節目達不到播出的一般水準，資金亦會消耗殆盡。

誰也不明白透納是怎樣籌措到這一筆巨額資金的，結果有線新聞網（CNN）不但正式開播，而且潛力佳。透納在解決籌措資金後就在人才問題上下了一番苦功。他的眞誠，吸引了新聞明星丹尼爾·蕭爾以及美國廣播公司中出類拔萃的華生、法默、蕭伯納和齊默曼加入新聞陣容。

隨著透納的不斷勝利，三大公司開始向他發動了一系列的進攻，進攻的重點便是網絡電纜。

透納受到了異乎尋常的壓力，電纜經營商要求透納降低轉播費用，亞特蘭大總部又鬧起罷工潮，要求增加工資。透納沒有時間計算自己的經濟損失，也沒有時間來舐傷口，他只能戰鬥，否則只有破產。

這時，出現在透納面前唯一的機會，也是最好的機會就是另搞一個新聞頻道。透納和他的同事決定抓住這個機會。早在一個多月前，透納就已經知道了美國廣播公司關於增設新聞頻道的事。

如果聽任這件事出現，市場就會飽和，有線新聞網的廣告收入可能下降百分之五十八。市場只能容得下一個有線新聞系統，二鳥爭食，誰也別想獲得。開設第二個新聞頻道的代價很高昂，可能因此把公司拖垮。

經過一系列的努力，新聞頻道終於搶先開播了，有五十多家電視台購買了這個頻道的節目。這些電視台遍及十大市場中的七個。

透納終於實現了四分天下的夢想，與三大廣播公司並駕齊驅。

三七、不入虎穴，焉得虎子

冒險就意味著收穫，冒險有時也同樣意味著死亡。當最終闖關，就能成爲英雄。

隨著英國北海油田可開採石油資源的日益減少，及隨之帶來的費用上升，英國石油公司從二十世紀八〇年代的鼎盛開始逐漸走下坡路了，直到一九九二年，它的情況還很糟糕，被業界戲稱爲「籠中困獸」。但僅過了短短五年的時間，到了一九九七年，它已成爲世界上效益最好的石油公司。僅一九九六年，英國石油公司的利潤就比上年增長了百分之三十一，達到了四十一億美元。目前，它已經在委內瑞拉、墨西哥灣、裏海等地區擁有世界的大型油田，一天出產一百五十萬桶原油的出色成績使其緊隨殼牌、埃克森、美孚和謝夫隆之後，成爲世界第五大石油公司。

英國石油公司今日的輝煌，應該感謝它總裁約翰‧布朗尼。布朗尼早在一九九五年上任之前，就對公司的開發業務提出了宏偉的計畫。

當時，英國石油面臨的最主要問題是傳統石油開發地區油源日漸枯竭。南海、阿拉斯加油田曾是公司的生產支柱，現在原油產量逐年下降；新開發的中小型油田由於形成不了規模而入不敷出。在這種情況下，布朗尼果斷決定公司的開發策略：向新的大型油田進軍。

由於布朗尼在擔任總裁之前曾有六年的時間負責公司的石油開發，這段時間豐富的工作經驗使他清楚地認識到，公司必須開發大的油田，才能在開發這一環節領先。但是石油行業的激烈競爭和充分發展，已經使得大型油田的開發走向了盡頭，剩下的地方都是充滿了危機抑或是困難。比如哥倫比亞、阿爾及利亞、前蘇聯的裏海地區都屬於這種情況。

冒險也要做。布朗尼果斷地向哥倫比亞和阿爾及利亞派出開發隊伍，同時在裏海地區英國石油公司也投下了很大的賭注。

在哥倫比亞，英國石油公司投資二十億美元開發了兩個產石油五十萬桶的新油田。但當地的游擊隊也不放過這個發財的機會，他們不斷襲擊油田的設施以迫使英國石油公司交納保護費。爲此，布朗尼不得不僱傭軍隊保護英國石油公司的工地和工作人員。

在阿爾及利亞，儘管政治暴力已把那裡搞得混亂不堪，英國石油公司仍然在那裡開發天然氣資源。因爲公司在天然氣方面弱於它的競爭對手，這個項目開發成功，將使英國石油公司能打敗競爭對手成爲對南歐的主要天然氣出口商。

在裏海，英國石油公司也投下了大筆的開發資金。公司在亞塞拜然的兩項新建的大工程將會使它成爲裏海地區石油開發的佼佼者。現在，它又正在哈薩克申請開發權。不過，雖然這些國家儲油豐富，但處於俄羅斯和車臣之間的動盪地區，所以英國石油公司隨時需要面對一些意想不到的問題。

到目前來看，布朗尼這個冒險還是値得的。正是憑借這些地區的開發，英國石油公司才擺脫了業務發展的困境，出現了柳暗花明的前景。

石油的開發還有另外一個尚未被充分佔領的領域，這就是海底石油開發。在英國的大西洋前沿地帶的錫蘭群島地區，海底儲存著豐富的石油資源。但由於開發技術的限制，使得許多石油公司望而卻步，但英國公司憑藉著自己的高科技優勢在這裡站住了腳步。

英國石油公司有一個實力很強的水下工程公司，專門研究和從事水下工程業務。在水下工程公司的參與下，英國石油公司在西薩得蘭群島的佛茵那維地區，把一艘廢棄的輪船改造成爲海上鑽井平台，水下工程公司的水下機器人在五百公呎深的海底操作，將辦事油管道和海底井連接，石油源源不斷地輸出海面，注入儲油罐。除了佛茵那維，英國石油公司還將投產兩個海上油田，這項業務使得公司每天出產十二點五桶原油，每年的利潤將上升兩億美元。

不過從事海底石油開發也有不少麻煩。因薩得蘭地區繁衍著許多珍稀的海鳥及其他動物，一旦石油發生洩漏，對於這一地區的生態環境來說，將會產生致命的打擊。因此，環境保護主義者強烈抗議英國石油公司的石油開發計畫。就在一九九七年四月十日英國石油公司年度大會那天，位於蘇格蘭阿伯丁的公司總部大樓樓頂，出現了一套綠色和平組織成員偷偷安置的太陽能設備。綠色和平組織想以此來提醒布朗尼，應該開發太陽能，而不要四處搜羅石油。

儘管有許多阻撓以及更多的不可知因素，但是至少從目前來說英國石油公司的開發策略看起來是成功的，而布朗尼本人也對公司的前景滿懷信心。

自一九九二年以來，英國石油公司在成本削減、組織重組，以及營銷管道的改革上下了大功夫。在生產領域，當時英國石油公司的石油生產成本是全世界民營石油公司中最低的，每桶二點六四美元，已經完全有能力在世界範圍的石油市場內進行競爭，因此英國石油公司盡量擴大規模。

布朗尼計畫公司的石油生產能力在十年之內上升百分之六十七，達到每天生產二百五十桶。在石油營銷領域，一九九六年，英國石油公司同美孚合資建立了一家石油加工、營銷企業，同時從直布羅陀至烏克蘭區域內約有三千三百家原屬美孚的加油站改屬英國石油公司經營。布朗尼計畫接手後削減兩千三百個工作職位。預計它將給公司帶來每年五億美元的利潤。這一舉措使英國石油公司在歐洲的汽油以及其他石油產品的銷售額直線上升，直逼殼牌與愛克森美孚公司。

企業自身的完善加上風險帶來的收穫，使得英國石油公司蒸蒸日上，也許正如布朗尼所想，十年之後，英國石油公司不再只是以美國、英國為基地的石油商，而會成為舉世聞名的石油巨頭。

（1）石油、天然氣、煤炭等等資源的儲量越來越少，同時由於其不可再生性，因而成為引人注目的戰略性資源。明白了這一點，就非常容易理解某些國際紛爭的由來了：美國為什麼總是要插手中東事務，法國為什麼總是將某些非洲國家納入自己的勢力範圍，而西方世界又什麼對新成立的中亞諸國如此感興趣……歸根到底一句話：因為寶貴的資源。

（2）英國石油公司的決策的確是很冒險的，而且這種風險不僅來自於技術或採勘等經營性風險本身，還來自於開採所在國家和地區的政治不穩所帶來的風險。類似這種問題給了我們一個啓發：保持安定團結政治局勢和社會環境，對於吸收外資是多麼重要和關鍵，可是毫不誇張地說，穩定是經濟發展的本錢。像那些局面不穩的國家和地區，外資就是進去了，也只會著眼於短期投資，採用掠奪式開發和經營手段，而絕不會紮下根來、長期發展。

三八、商業操作，轉虧為盈

主辦奧運會猶如一把雙刃劍，它可以提高主辦國的聲譽，但經費開支巨大，虧損嚴重，一九七二年在前西德慕尼黑舉行的第二十屆奧運會，一九七六年在加拿大蒙特婁舉行的第二十一屆奧運會，一九八○年在前蘇聯莫斯科舉行的第二十二屆奧運會，都令主辦單位負債纍纍，因此預定一九八四年在美國洛杉磯舉行的第二十三屆奧運會戰戰兢兢，洛杉磯市議會甚至決議，拒絕承辦此屆奧運會，眼看這屆奧運會面臨夭折的厄運。

正在這個危急關頭，美國著名企業家尤伯羅斯出馬了。他毅然接受下洛杉磯奧運會主辦人的重任。人們為他捏一把汗，他卻胸有成竹，在組織奧運會過程中，獨具慧眼，另闢蹊徑，運籌帷幄，步步為營，捕捉住一個又一個市場機會，一舉成功，使奧運會扭虧為盈，創造了舉世矚目的奇蹟。

第一步，賣掉自己的公司，全力以赴投入籌辦奧運會的工作，下了破釜沉舟、背水一戰的決心；第二步，他明確宣示，本屆奧運會完全「商業」掛帥，不要政府花一分錢，完全由奧運會主辦單位來籌措資金、自負盈虧，使奧運會籌備委員會獨立於美國各級政府，成為「私人公司」。這一宣示震驚世界；第三步，組織工作團隊，把出類拔萃的人物徵集到他的身邊，被譽為「管理天才」的尤伯羅斯旅遊業代理人阿施爾，被調來擔任籌備委員會副主席，擔任尤伯羅斯的助手；最關鍵的是第四步，即四方出擊，大力籌資，尤伯羅斯不愧是經商奇才，他籌資也有高招。

第一招，高價出售電視轉播專利。蒙特婁和莫斯科兩屆奧運會出售轉播權索價太低，分別只有三千四百萬美元和九千萬美元。尤伯羅斯經過計算，電視台轉播收入頗豐，就把電視轉播專利定價在二點二五億美元，並讓美國兩家最大的廣播公司即美國廣播公司ABC和全國廣播公司NBC去競爭，ABC公司請了幾十位經濟專家經過仔細計算，認爲有利可圖，於是搶在NBC之前買下了電視轉播權，尤伯羅斯再加售給外國一些電視轉播權，僅電視轉播專利出售一項，組委會就籌集到二點八億美元。

第二招，限額高價贊助。歷屆奧運會也都有贊助，但收效均不大。一九八〇年紐約冬季奧運會贊助單位多達三百八十一個，每家贊助金額很少，一共才收到九百萬美元贊助費，結果大家都是贊助單位，又等於大家都不是贊助單位，沒有吸引力。尤伯羅斯一改舊例，把目光轉向各大公司。他規定本屆奧運會正式贊助單位以三十家爲限，每個行業中只接受一家，每家廠商贊助金底限爲四百萬美元，贊助者可取得本屆奧運會上某項商品專門供應權。這樣一來，刺激了各個行業中大公司拔頭籌、以利競爭的心態，爲了爭當奧運會場一哥，各廠商紛紛掏出巨資搶購贊助權，僅此一項又籌集到三點八五億美元的巨款。

在動員各大公司贊助的過程中，尤伯羅斯巧妙地施展了他的推銷術，讓大公司相互競爭，比如在吸引飲料公司贊助時，分別遊說「可口可樂」和「百事可樂」兩大公司，互相抬價，結果可口可樂公司以一千兩百六十萬美元的標碼奪得了奧運會飲料供應權，成爲洛杉磯奧運會繳納最多贊助費的公司。又如在吸引相機軟片公司贊助時，讓美國柯達公司和日本富士公司競爭。起初，柯達公司大擺架子，遲遲不肯贊助，並揚言不會有任何軟片公司願出四百萬美元贊助費，最後尤伯羅斯決定把膠片供應權給予贊助七百萬美元的富士公司，這時柯達悔之晚矣，失去膠片供應權，便向電視廣告打主意，柯達公司花了一千萬美元買下ＡＢＣ公司在奧運會期間全部的軟片類廣告時間，以封鎖富士公司在奧運會期間的電視廣告。

第三招，收取聖火傳遞費。奧運會聖火在希臘奧林匹克村點燃傳到紐約後，要繞行美國三十二個州和哥倫比亞特區，途經四十一個城市和近千個市鎮，全程一萬五千公里，最後到達洛杉磯。尤伯羅斯看準了這也是籌資的好機會，決定在聖火接力跑中，規劃出路線中的一萬公里，號召民眾付費參與；聖火接力者每跑一公里費用爲三千美元。能舉著奧運會聖火一跑，也是人生難得的機會，雖然代價高昂，但響應者仍絡繹不絕，這項措施又爲奧運會籌募到三千萬美元資金。

此外，尤伯羅斯還透過預訂贊助人最佳座位、出售紀念幣、紀念品等辦法籌措資金。資金籌集到手後，尤伯羅斯實施精打細算的支出策略，該花錢的地方毫不吝嗇，如開幕和閉幕、新聞媒體所需的現代通訊設備和對記者的免費招待，都投入巨資；而能省錢的地方，一分錢也不亂花。在尤伯羅斯及其幫手的努力下，洛杉磯奧運會不僅沒有虧損和負債，反而盈餘兩億美元，取得了巨大的成功。

三九、見風轉舵，識時俊傑

企業在市場經濟的激烈競爭中，也必須根據瞬息萬變的市場情況，及時修訂生產和銷售計畫。香港船王包玉剛就是這樣做的。

二十世紀五〇年代至六〇年代，韓戰、越戰相繼爆發。美國需要從美洲向亞洲運送軍火和戰略物資，其他資本主義國家爲了恢復和發展經濟，也需要遠距離、大量運輸石油和礦石，海運業進入黃金時代，香港船王包玉剛放手發展海上運輸力量，擁有兩千萬噸的龐大船隊，取得了巨額利潤。

二十世紀五〇年代後期朝鮮停戰，七〇年代美軍撤出越南，英國、墨西哥、非洲、波灣地區都發現了大量油田，世界石油開採的格局呈現分散化，世界工業結構也日趨輕型化、微型化，由勞力密集型轉爲腦力密集型，航空運輸發展迅速，海上運輸急劇減少，海運事業極端不景氣。包玉剛審時度勢，當機立斷，賣掉一千三百萬噸船隻，及時棄船上岸，開展多種經營，大量購買房地產，興建工廠、倉庫，開辦航空公司，發展第三產業。這種新的轉向使高額利潤得以繼續保持，這是企業家隨著市場情況的發展變化，及時修改戰略決策的成功範例。

四〇、魔法推銷，汽車新貴

艾科卡，一九二四年十月十五日生於美國賓州艾倫敦，父母都是義大利移民，父親從事的商業活動，對他的影響很大，使他從少年時代就立志成爲大企業家。一九四六年七月，艾科卡獲得普林斯頓研究所的工程碩士學位，他結束學生生涯，帶著爸爸給的五十美元到福特汽車公司報到。經過一次次的失敗，他勉強成爲福特汽車公司的低階業務員。

隨著能力及職位提昇，他在福特分店組織了一批富有創造力的精兵強將同僚，每週聚餐一次探討研製新型汽車的方向：公關人員收集各式顧客對未來汽車的需求；市場調查人員也收集到各種可靠的數據。艾科卡集思廣益，採取多項切實可行的措施，得出了結論：今後十年，汽車銷量會呈上升趨勢，年輕車主將占全部漲幅的一半。汽車款式新、性能好、價格便宜，將是吸引新車主的三大特點。他決定加緊研製具有這些特點的新型車，準備在一九六四年四月紐約世界博覽會開幕式上一顯身手。

艾科卡在設計師之間舉行了一次競賽，這是福特公司史無前例的公開競賽，設計室主任助手戴夫設計的車型被選中。整個車型像一匹奔騰向前的野馬。他決定把車定名爲「野馬」。經過緊張奮戰，野馬跑車生產出來了。艾科卡進行周密策劃，他要讓野馬眞正地奔騰在遼闊的汽車市場上。他請來了不同層次、不同年齡的顧客，請五十多對夫婦參觀評價野馬跑車。他發現參觀者都很中意野馬的車型，一些藍領工人把野馬當做身份和地位的象徵。當艾科卡宣佈野馬標價時，參觀者無不感到驚訝——車價大大低於參觀者的估價，他們都表示看好野馬，都想擁有一部這樣的車。

艾科卡又大搞宣傳戰，竭力掀起全國的宣傳熱潮。

他舉辦野馬跑車大賽，從紐約到迪爾伯恩，野馬飛駛急奔如萬馬奔騰，安全快速地跑完全程，贏得新聞界一片讚美之詞。

艾科卡還邀請各大報紙的編輯，借給他們每人一部野馬，請他們對野馬跑車給予評價，以掀起野馬的宣傳聲勢。在全美的十五個飛機場展覽，在全國兩百多家假日飯店的廳堂都陳列著這款跑車。而在密西根大學橄欖球比賽會場，則豎起巨大的野馬跑車的廣告宣傳牌。

一九六四年四月十七日，野馬跑車轟動全國。全國各地的福特經銷店顧客盈門，一些陳列品也被急於買車的顧客高價買走。上市一周，光顧福特代理店的購車者參觀者超過四百萬人。這是前所未有的激動人心的情景。一年後的四月份，野馬跑車共銷售出約莫四十二萬部之多。艾科卡創下了公司售車的第一個紀錄。野馬車爲福特公司創造了數十億美元的利潤。

野馬跑車的成功證明了艾科卡的推銷能力和傑出的研製開發組織能力。艾科卡被提升，成爲公司客車與卡車集團的副總裁，身兼要職。

一九六七年，艾科卡親自主持了豪華跑車「美洲豹」和「侯爵」車的設計。一九六八年，又主持了「馬克二型」和「馬克三型」新車設計。幾種型號的汽車銷售都獲得了成功。在聲勢最旺的一年，爲福特公司賺取十億美元的利潤。艾科卡用自己的聰明才智，嘔心瀝血爲福特公司培育出來一批汽車「新貴」，給福特公司帶來了顯赫的聲譽和億萬財富。

艾科卡以非凡的業績，成爲全美人人皆知的天才人物。

四一、舞動三斧，江山萬里

漢森公司這個牌子在美國出現的歷史雖然只有幾十年，但由於它「發」得快而引起大眾的關注。漢森公司是一九七三年在美國創立的，創始人是戈登·懷特。

他原在英國謀生，與一位叫詹姆斯·漢森的人合作經營印刷名片。後來，戈登·懷特覺得英國的經濟環境不盡人意，獨自到美國創業，時值一九七三年。

戈登·懷特到美國幾乎是赤手空拳，荷包只有三千美元。然而，十多年後，懷特在美國成立的漢森公司已發展到擁有一百二十五個分公司，總資產達一百二十五億美元，這個數字令人刮目相看。

人們說，懷特的發跡，主要運用了三板斧。

察風頭，看趨勢，緊緊扣著市場行情。

懷特深知國際市場是瞬息萬變的，諸如世界經濟局勢的變化、政治因素的影響、氣候情況的變幻、投機因素的出現等，都會對市場行情產生影響。能否掌握好，效果大不一樣。一九七四年初，他發現有一家漁業公司由於內部原因經營不下去，準備賣出。懷特知悉後，決心找該公司的老闆戴維·克拉克商談。經過一番討價還價後，懷特向銀行貸款買下了這家漁業公司。

懷特第一筆生意後來獲得成功，大賺一筆。這並非是懷特碰上了好運氣，而是對市場行情認眞觀察和分析的結果。

他認爲，一九七四年後世界會出現石油危機，石油價格的上漲必然會導致海鮮食品價格的躍升。果然不出懷特所料，他買下的漁業公司生意從一九七四年下半年起，變得興旺發達，盈利狂增，懷特很快地還清了收購公司的債。接著他又兼併了一批面臨倒閉的公司，經過一番改造後，這些公司均成爲盈利的企業。

懷特的第二板斧是大刀闊斧的改造老企業，爲新兼併的企業注入新血液。在十五年中，漢森公司先後兼併了一百二十五家公司。這些公司易手以後，他先將那些沒有發展前途的部門，連同冗員一起革除；將保留下來的部門進行精簡整頓，添置現代的先進設備，使之注入活力。這樣，漢森公司每兼併一個公司就多了一項財源。

懷特認爲，企業的經營管理是決定本企業的生死存亡的關鍵因素，它既可發揮積極作用，推動生產和經營的發展，也可以產生消極作用，阻礙企業的前進。管理層次越多，人員越多，效率往往越差，效益必然不佳。反之，組織精簡，發出的指令就會越少，下屬生產部門的自主權就越大，更能發揮下屬人員的積極性，那麼效率和效益就會隨之提高。因此，懷特很重視下屬公司的自主權，除了過問管理目標和效率外，從不干涉他們的具體生產。

漢森公司成長的第三板斧是知己知彼、未戰先勝。作爲企業的指揮者和決策者，懷特在經營謀略上做到先算後做，掂量每筆生意是否合算。漢森公司以靜待動，冷靜觀察，尋找自己的突破點，使公司的牌子迅速崛起。

四二、引狼入室，吸客大法

日本著名的阪急電鐵、東電公司、東寶公司的董事長小林一三，曾出任過明治時期的商工大臣，此人做生意氣魄不凡，有許多絕招奧祕。

年輕時，小林一三在大阪市創辦手下另一份產業——阪急百貨店。照常規，一般的生意人都喜歡壟斷經營，生怕旁家的店舖搶了自己的生意。小林一三卻一反常態，別出心裁的將市內一家名氣遠揚的咖哩飯餐廳請進自己新建的「阪急百貨店」裡來經營，並且請他們把咖哩飯的售價降低四成，這四成的差價由小林一三補償。

這不是「引狼入室」，擺明的賠本買賣嗎？百貨店的董事和員工們大爲著急，認爲小林老闆一定是受了蠱惑，一時迷糊，因此紛紛起來反對，請求老闆撤銷決定。小林一三手一揮，笑迷迷的說：「你們不必著急，且等著看好戲吧！」

果然，當物美價廉的咖哩飯一開張，很快就引起了大阪市民的熱情光顧，消息傳得沸沸揚揚：「阪急百貨店裡有好吃的咖哩飯，不僅味道美，價錢還差不多便宜了一半呢！快去嘗嘗吧！」於是，顧客衝著這份既好吃又便宜的咖哩飯從四面八方蜂擁而來，百貨店每天擠得人山人海，熱鬧至極。

小林一三的百貨店生意自然也跟著水漲船高，營業額一下子多了六倍，相比之下，他補給咖哩飯的那一點差價就顯得微不足道了。

小林一三看似「引狼入室」，其實是往自己口袋裡裝錢。

★獨到眼界

四三、活力創新，獨領風騷

萊雅（LOREAL）是法國一家生產護髮劑和化妝品的公司。過去只是一個鮮爲人知的「九流」企業，如今一躍成爲世界第三大化妝品製造企業，其營業額僅次於美國的雅芳和日本的資生堂公司。

萊雅是在「兵荒馬亂」中崛起的。一九八〇年初世界化妝品市場經過了二十世紀七〇年代的全盛時期後，隨著經濟的不景氣而一蹶不振。過去一貫認爲新衣可以不買，而口紅和指甲油不可沒有的婦女，也不敢頻頻光顧化妝品櫃台了。萊雅在這個時候時來運轉，實在耐人尋味。

其實，萊雅的成功完全是靠它的創新精神。幾年來，萊雅在研製新產品方面，投入不少資金，加之公司總經理戴爾思想敏銳，管理嚴謹，作風潑辣，這一切恰如其分地爲成功奠定了基礎。戴爾有一間會議室，和部下常常爲開發新產品在這裡「爭執」一番，以溝通思想，互相啓迪。他主張年輕人做事不要唯唯諾諾，鼓勵他們勇於向其主管上司提出異議。有時他會當場指責某些主管的錯誤想法，而全力支持其下屬的意見。當研究出新配方時，他們以兔子、老鼠、假髮，甚至手術刀切下的皮膚做實驗。爲了實驗染髮劑在世界各地各種氣候條件下的使用效果，他們在實驗大樓內設立了赤道陽光、英國濃霧、北極寒冬等模擬環境，來進行產品的臨床試驗，像這樣耗資驚人、設備先進、人才一流的研究開發，一般化妝品公司不敢問津，同時也捨不得花這麼多錢。

萊雅還採用與美國研究月球地形設備相同的儀器，來研究人類臉部皺紋產生的情形。有些新配方還同時用在其他部門，如英國石油公司曾利用萊雅的一種油性頭髮清洗劑的配方，來處理水面的油漬。

由於萊雅的不斷創新，使得他們能在眾多同類企業倍遭冷落的市場中獨領風騷，闖出了自己的道路。萊雅一種新型的整髮劑在二十世紀八〇年代初一上市，立即飲譽市場，就連最挑剔的美容師也讚不絕口，上市的第一年銷售額就達六百萬美元。

萊雅義無反顧地推陳出新，爲自己打下了一片江山，同時也爲我們某些企業提供了一種嶄新的思路。搞經營遇到不良的環境條件時，不能怨天尤人，更不能自暴自棄，而要有逆潮流的膽識和謀略。萊雅的成功告訴人們，以技術和創新來提高產品的競爭力，增強企業的生命力，是行之有效的，創新是企業活力的來源之一。

四四、專利放手，市場大開

美國柯達公司被稱作彩色軟片的王國。一九六三年二月二十八日，紐約及歐洲各國的首都以及貝魯特、開普頓、吉隆坡、新加坡等世界主要都市同時舉辦記者招待會，首次公開發表柯達十年秘密研究的成果。人們都認為，這下柯達可要發大財了。但出人意料的是，在這次大會上，柯達公司宣佈「柯達相機的專利，本公司絕不獨佔，允許全世界所有廠家共同製造」。

這可真是大將風度，前無古人，很多人表示不理解。但很快柯達公司的醉翁之意就顯露出來了。自從「袖珍型全自動照相機」問市後，各國廠商紛紛仿造，又由於使用方便，成為人們的搶手貨。隨著自動化相機進入千家萬戶，柯達公司的軟片席捲了全球，照相機市場的擴大帶來了柯達軟片市場的擴大，柯達公司正是通過放棄專利，來擴大照相機市場，最終達到擴大軟片銷售市場的目的。柯達這種利用相機作為「先行的犧牲品」，而掩護相紙、軟片乃至沖印服務的行銷策略是非常高明的。

四五、三角思考，賓主互利

日本的坪內壽夫是位傑出的企業家。坪內壽夫發跡前在日本的四國經營電影院，因爲經營得法，坪內壽夫小有所獲，於是他便想擴大自己的經營。這時候，「自由船公司」想廉價出售自己的造船廠，坪內壽夫在朋友的勸告下買下了這個造船廠，創辦了「來島船塢」。

坪內壽夫對於造船業並不在行，開始的時候，船塢入不敷出。坪內壽夫思來想去，覺得要發展自己的船塢，還必須把目光對準附近的漁民。這些漁民的漁船很陳舊，只能在近海捕撈，如果能造出一種強馬力漁船，到深海去捕撈，捕撈量會極大地提高，這是漁民們所希望的。

但是，漁民們手中沒有錢，不可能購買坪內壽夫所設想的那種強馬力漁船。

坪內壽夫想到了分期付款：漁民們先駕船去捕魚，用賣掉魚後賺來的錢分若干次付款。坪內壽夫很快就發現，即使是這樣，漁民們對於購買一條價格昂貴的漁船也有困難，因此，必須設法把漁船的售價降到最低。最後，坪內壽夫想到應該先造出一隻樣品船，當漁民們親眼看到、親手摸到之後立刻會產生一種「佔有」感——「我要買的就是它！」

人們把坪內壽夫的這三個互相交錯的想法稱為「三角形的思考方式」。「三角形的思考方式」使坪內壽夫把「來島船塢」變成了一個最能賺錢的船塢。

四六、側面進攻，專注下游

美國石油大王洛克斐勒在他默默無聞的時候，就運用過側面進攻的經營之策。當時美國發現了石油，許多資金實力雄厚的大投資者蜂擁而至，忙於開採石油。但洛克斐勒在當時資金有限，無力與眾多大投資者競爭石油開採。

洛克斐勒於是遠遠的避開石油開採的，佔領了原油的「下游工程」——石油精煉。這個異乎尋常的決定甚至使他的合夥人離他而去。然而，結果證明洛克斐勒的決策是正確的。

原油開採出來後，眾多的原油開採行業與獨此一家的石油工業合作，使洛克斐勒一方形成了佔絕對優勢的賣方市場，洛克斐勒一舉瓦解了由眾多大投資者組成的石油開採大聯盟，壟斷了美國石油市場。

四七、大量生產，價廉物美

亨利・福特不但首創了福特T型車，而且在世界工業發展史上也是首次提出並實施了大量生產的方式，也正是因爲大量生產方式的推出，才使福特T型車能夠價廉物美。

當福特公司成立之初，亨利・福特就有一個理想，要製造一種價格低廉、堅固耐用的大眾化汽車。有一次，他把一部汽車賣給一個醫生，在試車時，一個看熱鬧的工人對同伴說：「不知哪一年咱們才能買得起汽車？」

「簡單得很，」那個同伴笑著說，「從現在開始，你只要不吃飯、不睡覺，一天工作二十四小時，我想用不了五年，你就可以擁有一部汽車了。」

這些話引得四周的人都大笑起來。福特當時也聽到了，但他沒有笑，反而很認眞地對那個工人說：「將來的情形，可能正與你所說的相反，在吃得更好，工作時間更少的情形下，你就可以擁有汽車，而且這一天不會太遠了，我敢肯定地說，絕不會超過五年。」

福特有他獨特的經營思想。他認爲，浪費和貪求利潤妨礙了買主的切身利益。浪費是指在完成某項工作時花費了多於這項工作所需的精力，而貪圖利潤則是由於目光短淺。應該以最小的物力和人力的損耗來進行生產，並以最小的利潤將貨銷出，以達到整個銷售額的增加，即「薄利多銷」。

爲了實現這一經營思想，福特運用不同的經營手段，對產品的標準化、生產過程、勞資關係、成本等進行了一系列改革，創立了一套獨特的「薄利多銷」的經營途徑，使他在二十世紀二〇年代在同行業中獨佔鰲頭。大量生產方式居於這一獨特經營思想的核心，而大規模裝配線是實現大量生產的主要手段。

福特的構想是：建立一條輸送帶，把裝配汽車的零件用敞口的箱子裝好，放到轉動的輸送帶上，送到技工的面前。換言之，負責裝配汽車的工人，只要站在輸送帶的兩邊，所需要的零件就會自動送到面前，用不著再自己費事去拿。

這項設計節省了技工們來往拿取零件的時間，裝配速度自然加快了。可是，實際使用之後，發現了一個很大的缺陷：由於輸送帶是自動運輸的，對前半段比較簡單的裝配手續，非常適用；到了後半段，向車身上安裝零件時，手續比較複雜，技工們趕不上輸送帶的速度，往往把送過來的零件錯過了。而這些在輸送帶上沒有來得及取下的零件，都堆積在最後的地板上，妨礙了輸送帶的轉動。

沒有多久，福特想出了改進的辦法，建立了一種新的生產線。

他挑選一批年輕力壯的人，拖著待裝配的汽車底盤，透過預先排列好的一堆堆零件，負責裝配的工人就跟在底盤的兩邊。當他們經過堆放的零件前面時，就分別把零件裝到汽車底盤上。

這一改進，使裝配速度大大提高。以前要十二個半小時才能裝配好一部車，現在則只需要八十三分鐘就完成了。這一驚人的改進效果，不僅使T型車加快了普及率，也成爲其他汽車製造廠改進生產線的藍本。

福特被譽爲「把美國帶到輪子上的人」，就是從這時候開始的。他改進了裝配速度，降低了成本，各公司的廉價車不久紛紛出籠，福特的創舉成爲美國汽車工業眞正起飛的重要因素。

四八、築高壁壘，全勝商戰

商戰必然是優勝劣汰。如何在市場上展開競爭，並且獲得全勝呢？

《孫子兵法・謀攻篇》中說：「夫用兵之法，全國爲上，破國次之；全軍爲上，破軍次之；全旅爲上，破旅次之；全卒爲上，破卒次之；全伍爲上，破伍次之。」意思是說，大凡用兵的法制，使敵國完整的屈服是上策，起兵去破敵國就次一等；使敵人全軍完整的屈服是上策，用武力去擊破它就次一等；使敵人全卒完整的屈服是上策，擊破它就次一等。

美國勞蘭德公司，在一九七六年還是美國一家倒數第二的小香菸公司。老闆不甘落後，通過對香菸行業的資金、生產、技術等方面的調查，認爲自己的公司實在難以與大公司相媲美。但是，聰明的老闆發現，香菸正逐步朝著低焦油含量的方向發展。於是公司上下齊心協力，及時推出了焦油含量只有八毫克的新型香菸。投放市場後，立即大獲成功，很快便壟斷了美國的低焦油含量香菸的市場。

全勝商戰能夠有效的抑制潛在競爭對手進入本市場，以使市場格局不發生意外的變化。

抑制潛在商戰對手的方法主要是提高本市場的進入壁壘。例如透過聯合或合併、控股等使企業生產規模擴大，從而造成市場進入規模經濟。例如努力提高顧客對目前企業產品的偏好，像美國可口可樂公司改配方的方法。

全勝者要不僅重視戰略的「全勝」，還應力求戰役上、戰術上的「全勝」。戰役上的「全勝」意即在一個商戰事件中，本企業應以總體而戰的戰略爲指導，以保全自己又能改組對手使之向己方靠攏爲出發點，盡量不採用兩敗俱傷的商戰方式和手段。戰術上的「全勝」則是指在商戰角度、範圍、方式、手段等的選擇上，都要貫徹總體商戰戰略，力求以較少的代價爭取保全商戰的利，減少商戰給本企業帶來的害，即遠交近攻。

四九、吸取教訓，堅持理想

當今世界，幾乎沒有人不知道日本的新力（ＳＯＮＹ）公司，但是，新力公司在創業之初亦是歷盡坎坷的。新力公司的創始人井深大自幼就喜歡製作玩具，成年之後，井深大決心開創自己的事業。他研製過計算尺，失敗了；研製過電鍋，失敗了；研製過高爾夫球用具和其他用品，也都失敗。

井深大從失敗中吸取了教訓：每一種新產品都關係到自己企業的存亡，盲目開發，盲目生產，只能導致一次次失敗。

井深大深思熟慮後決定開發一種其他公司沒有做過的產品——把電子技術與機械技術結合起來，研製嶄新的日常生活用品。實際上，作為一名早稻田大學理工學院畢業的電子技術專家，井深大很早以前就有這個夢想：把電子工程的綜合技術用於消費產品的生產領域。

一九四九年的一天，井深大在日本廣播協會本部美國人的辦公室裡看到一台磁帶錄音機，他立刻意識到：這就是自己要研製的產品！當時，日本還沒有人生產這種錄音機，也沒有人懂得它是如何製造的。井深大發動全體員工一邊學習，一邊投入磁帶錄音機的研製，到了年底，終於研製出日本第一台G型磁帶錄音機。但是，由於G型磁帶錄音機體積大（如一只大皮箱）、重量大（重四十五公斤）、價格高（十七萬日圓一台），人們又不了解它的價值所在，產品滯銷。

井深大毫不氣餒，他看準了磁帶錄音機的巨大潛在市場和妙不可言的前途，與技術人員晝夜奮戰在一起，終於又研製出一種結構簡單、堅固耐用、體積小、售價低（僅六萬日圓一台）的H型磁帶錄音機，並成功地把它推銷到日本各中小學校、政府機關和家庭，爲開創新力事業奠定了基礎。

二十世紀五〇年代初，半導體晶體管技術剛剛起步，井深大立即看到了其不可估量的發展遠景。他不惜重金從美國購買了半導體專利，先於美國眾多的競爭者研製出高頻半導體晶體管，並於一九五五年研製出世界上第一台半導體收音機，當年銷售額即達兩百五十萬美元。兩年後，井深大又研製出袖珍型TR六三型半導體晶體管收音機，還成功地將產品打入美國市場。

井深大的事業在不斷地發展、壯大。時至今日，新力公司已擁有員工超過四萬多人，其產品暢銷世界一百多個國家，公司年銷售額達五十多億美元。

第四篇　時勢英雄

五○、以彼之弱，揚己之長

在日本「豐田」汽車進入美國之前，佔領美國市場的是德國「大眾」牌汽車。一個寒冷的冬天，豐田公司的資訊人員偶然聽到駕駛「大眾」車的司機埋怨發動機難以啓動。言者無心，聽者有意，豐田公司的決策人覺得這條消息非常重要，他們立即委託一家美國市場營銷調查公司去訪問「大眾」汽車用戶，了解他們對大眾車的意見。那些用戶普遍希望在冬天車能夠容易啓動，後座的空間要大些，同時還要求具有高雅的內部裝飾。

於是，針對這些需求，日本人很快設計出一種比「大眾」車更爲完美的「豐田」車，以較低的價格和大力的廣告宣傳，迅速排擠了「大眾」，從而位居小型汽車市場銷售之冠。

在這裡，日本人採取了三個步驟是可以借鑑的：一是從實踐中調查感悟，掌握訊息；二是委託一家公司去調查考證；三是經過市場檢驗，最後達到完美。當然這一切全突出一個「快」字，感悟要準，行動要快。

巧妙地利用別人的弱點，將其轉化為自己的優點，而後與之相比，自然有了優勢，大大增加了自己的競爭力，這是銷售的一大訣竅，一條永遠適用的競爭法則。

五一、點子起家，聲名遠播

新光人壽保險公司總經理兼台北市人壽保險同業公會理事長吳家錄先生，從事人壽保險業務多年，能成為一位大企業的經營者，主要靠其獨特的點子起家。

新光人壽保險公司始創於一九六三年七月，籌備工作較為匆忙而倉促。當時新光人壽保險公司的店面設在台北市繁華熱鬧的館前路，辦公室的規模是十張桌椅和一套沙發、十位員工。

保險業不同於其他製造業，製造業販賣的是有形的商品，而保險業所提供的是完善的服務與安全的保證。所以保單的設計，對於人壽保險來說是非常重要的。但是，該公司卻沒有一個能設計保單的人才，向同業索取，又遭到婉拒，弄得大家一籌莫展。在這種情況下，吳家錄便靈機一動，指使公司員工去投保別家的人壽保險，不到三天，台北市面上，八家保險公司的各種保單，統統都收集齊了。

他們首先研究八家保險公司的各種保單，分析其優點與缺點以及保費、投保內容、理賠項目等。經過細密的研究後，新光人壽保險公司設計出了自己的保單，其特點：保費每月比其他八家公司便宜一元，在理賠項目中，飛機失事或火災身亡，理賠金額是其他八家公司的五倍。

當時新光人壽保險公司打出的廣告是——「最少的保費，最高的保障」。如此的「新產品」，當然在同業之間有優勝地位，頗有競爭力，新光人壽保險公司初戰制勝。

公司剛開張，牌子就打響了，下一步工作的突破點在哪裡呢？總經理又分析到，當時台北人壽保險業競爭激烈，八家公司都集中在都市中。在這種情況下，吳家錄採取的營業政策，是先開發農村，因爲農村對於人壽保險業還是眞空地帶，大有發展潛力。

由於當時農村對於人壽保險非常陌生，認爲投保人壽保險不吉利，根本體會不到人壽保險的重要。爲了使鄉下人能夠認識保險，吳家錄便設計一種「樣本保險」。就是通過農村的村長，了解農村誰得了不治之症，離大去之期已不遠，新光人壽保險公司先免費提供其保險。去世後，新光人壽保險公司便拔出一筆保險金，由村長轉交。此招十分見效，鄉里人認爲新光人壽保險公司果眞爲鄉民帶來實惠，便紛紛加入人壽保險了。

任何產品和企業要擴大知名度，除了靠口碑外，廣告是主要的宣傳手段，人壽保險公司對此也絞盡腦汁。二十年前，台北廣告媒介既不普遍，而且價格也貴，是一般公司負擔不起的。這時，吳老闆又在挖空心思想點子，他每天晚上八點鐘左右，到賣座好的電影院去，發「尋人啓事」，把「新光人壽保險公司某某人」的文字直接打在銀幕上，每次費用是五角錢，非常便宜。實際這是虛幌，並不是眞的有公司的人在看電影，而是爲了讓更多的電影觀眾知道新光人壽保險公司的名字。新光人壽保險公司的牌子，就是靠這些辦法在城鄉漸漸傳開了。

吳先生的許多計策是獨具匠心，別出心裁的，對我們或許會有很大的啓發。

五二、立足本土，長遠佈局

只有立足於國情，制定出實實在在的銷售方針，才能在商海中應付自如，而任何不切實際的做法都可能讓你一敗塗地。

在改革開放之初的中國，對於有眼光的商人來說，發財機會可謂到處都存在。然而，這畢竟只是暫時的，如同曇花一現。隨著中國市場經濟體制的不斷完善和發展，僅靠幾分膽氣和運氣再也不易獲得商場上的輝煌業績了。這時，唯有仔細研究中國階段性商業發展的特點以及規律，總結經驗得失，制定出進退有度的經營銷售方針，才可以立足於變幻無常的商海浪頭。

中國十大傑出青年企業家吳志劍，是今日屈指可數的億萬富豪之一。之所以能把下屬數十家公司、總資產二十八億元人民幣的政華集團公司發展到現在的規模，主要原因就在於他對中國大陸的國情有著透徹深刻的分析。

二十世紀八〇年代末期，政華公司創業之初，適逢國內市場家用電器和電子產品銷路大開，吳志劍把握時機，經營有方，做貿易賺了錢。按理說，應當乘勝追擊。那時，內地數以百萬計的消費家庭正翹首以待，渴求電視、電冰箱、摩托車以及高級影音設備等，凡是外國進口的，管它原裝、組裝，甚至散件，都是中國國內市場的急需品。如果申請批文，籌措外匯，組織進口，公司的利潤將滾滾而來。

但吳志劍敏銳地看到：高潮過後將是低谷，進口潮流下面也是暗礁密佈。特區創辦時間不長，貿易糾紛剪不斷、理還亂，稍有不留意，便可能陷入危機之中。他提醒自己：必須保持清醒，足夠的清醒！

吳志劍再一次研究國家制定的有關創辦經濟特區的各種方針政策，細心分析深圳優越的地理位置和投資環境後，決定捨棄短期行爲，著手興辦實業，要使企業在千變萬化的競爭中長盛不衰，以求生存。

當時，公司內部很多人主張打貿易戰，對投資大、見效慢的實業嗤之以鼻。吳志劍曉之以理，從發展前途、市場現狀，從全局，從不同角度分析了中國和世界目前的經濟走向，分析當前的政策以及特區的生產結構和發展模式，最終說服了眾人。

他首先成立了採用新工藝生產的政大食品加工廠，以滿足深圳居民和潮水般的流動人口的需要。

然後，通過周密的市場調查和分析，他發現：隨著電子工業的飛速發展，各種電子設備必不可少的部件——印刷電路板的需求量將會大大增加，因此，印刷電路板的基本材料——敷銅板的需求量也將直線上升。在國際上，一些主要發達國家對該材料的需求量頗大。

然而中國那時敷銅板的生產水準還是很低落，品種少，質量差，產品數量供不應求，特別是與彩色電視配套的阻燃紙基敷銅板，無論數量還是質量都遠遠滿足不了中國市場的需求。中國電子工業每年要花費國家大量外匯，用於敷銅板的進口。中國有數以萬計的生產電器的工廠呀！而按國家計畫配額，一個省份敷銅板的配給量只滿足所需的四分之一。各地廠家都在千方百計地抓外匯進口敷銅板。這嚴重影響了大陸電子工業在國際市場上的競爭力。

吳志劍認準這個國情需要、市場需要和發展需要，就果斷地與外商合資一億元人民幣，興建一個中國最大的敷銅板廠。不久，這個設備一流、產品一流、管理一流的現代化高科技企業在深圳建立起來，該廠年產六十三萬平方公尺的敷銅板，年銷售額一千六百萬美元。

五三、依循時政，因勢利導

日立製作所創建於一九一〇年，公司總部設地日本東京。一九九一年銷售額為五百六十點五三億美元，利潤額為十六點二九億美元，員工約三十一萬人。在世界五百家最大的工業公司中排名第十二位。

日立對大陸投資早在六〇年代就已經開始，可以說日立公司是對華投資最早，並且已經開始大規模系統化的跨國公司。

從六〇年代起，日立就開始向中國提供產品、技術和設備。在同中國開展經濟貿易合作時，日立公司堅持的一個主要原則是，根據中國經濟發展的程度，從中國的需要出發，提供日立的商品、技術和資金，即「根據中國政策，參與中國的現代化建設」。

在七〇年代後半期到八〇年代前半期，中國開始進行現代化，並且改善與西方各國的關係。中國開始從國外進口設備，開始是單個機械裝置，後來則進口基礎產業用的大量設備。

日立公司根據中國這一政策，向中國出售各種工業機械，如壓縮機、建築機械等。也向中國出口了一些成套工業設備。例如為唐山陡河電站提供火力發電設備，為武漢壓鋼廠提供一點六公尺的大型串聯冷軋機。

七〇年代後半期，中國結束了十年動亂，把工作重點轉移到經濟建設，開始改革開放，設置經濟特區。中國需要家電產品的製造設備，也需要基礎設施的建設。根據中國的這一新需要，日立公司爲中國氣象部門和地質勘探部門提供了大型計算機，爲中國港口提供港灣的裝卸設備。由於中國消費者對家電的需求上升，日立公司給中國咸陽彩管廠提供了十四吋彩色映像管的生產設備，向上海電視一廠提供了彩色電視生產線。

到了八〇年代上半，中國沿海十四個城市相繼開放。伴隨開放的擴大，更多的地區和部門要引進家電生產線，開始興辦中外合資企業。

日立公司認爲，這個時期中國大陸不僅需要國外進口成套設備等硬體，也開始需要從國外引進企業管理等軟體。因此，日立公司不僅擴大了提供技術合同的規模，而且開始了與中方合作生產和合資生產。一九八二年二月，與中國福建電子進出口公司和福建投資企業公司設立福建日立電視機有限公司。這是日立公司在大陸第一家合資企業，也是日本大跨國公司在中國大陸的第一家合資企業。

八〇年代後半期，中國大陸進一步推進改革開放事業。中國申請恢復關貿總協定締約國地位，標誌著中國將進一步同國際經濟接軌。

在這一時期，日立公司進一步推進與中國的合作事業，包括合作生產和全資生產。例如，日立和中國西安、保定和瀋陽三家工廠合作，轉讓五十萬伏高壓輸變電技術。一九八九年五月，日立與深圳賽格集團和中國電子資訊產業集團共同出資，建立了深圳賽格日立彩色顯示器件有限公司，生產彩色映像管。

進入二十世紀九〇年代，中國進一步改革開放。作爲這項政策的標誌，中國政府決定開放上海浦東，帶動整個長江三角洲和長江流域的發展。一九九二年，中國政府決定建立社會主義市場經濟體制。

與這一時期中國大陸的政策相適應，日立公司將在中國經營重點從技術合作轉變到投資，在當地建立生產基地。

從一九九二年以來，日立公司在大陸投資產業急劇增加。至今，日立公司在中國一共投資建立了十二家企業，其中十家是一九九二年以來建立的。

值得一提的是，經過這一輪投資，日立公司四個業務部門中已有三個部門在華建立了合資企業。例如，資訊系統和電子設備部門在華有北京日立華勝資訊系統有限公司，主要開發、生產和銷售電腦軟體。家用電器部門有了電視機和映像管企業，也有了冷氣機和空調壓縮機企業。動力和產業系統部門有了若干合資企業，分別從事火力發展電用控制系統的製造和銷售，水力發電機械工程的開發與製造。

「根據中國的政策，參與中國現代化建設」是日立在華開展經營活動的一項原則。在選擇投資項目或合作夥伴時，按照這個原則，日立積極參與中國有關部門和地區的重點項目。

如前所述，日立參與了大陸咸陽的映像管工程項目，與深圳賽格集團等合資生產彩色映像管，參與深圳特區彩色映像管工程。還有上海家用空調器總廠技術改進項目和空調壓縮機廠的項目等。

這類項目符合中國產業政策，往往對部門或地區經濟發展具有重大影響。日立參與這樣的項目，對中國大陸的相關部門和地區經濟的發展帶來了資金、技術和管理。與此同時，對日立公司也有一系列好處。這些重點項目由於符合中國政府的產業政策，在資金、原材料、人員以及企業用地方面得到保障。因此，參與此類項目，進行投資，往往有較高的成功率，有利於與中國方面進行長期的戰略合作。

目前，日立公司在大陸十二家企業總投資約兩億美元，單就日立公司就已投資近九千萬美元。它成爲在大陸投資最早並且已開始大規模系統化投資的日本大工業公司。

（1）跨國公司對發展中國家的投資應力爭資金投向東道國支持發展的領域。日立公司注重對華投資集中在國家有關部門支持的重點項目，符合國家產業政策，從而在資金、原材料、人員以及企業用地方面得到保障，有利於提高項目成功率。

（2）跨國公司應注重合作的選擇。因為合資和合營往往涉及技術轉移和資金實力的籌措，日立的合作夥伴選擇上堅持選擇中國某一行業中的領先者，保證了合作實施的低成本。

五四、取捨有道，互信互利

高明的生意人絕不唯利是圖，更不獨吞全利，而是使對方也獲得較為滿意的利益，只有這樣，才能抓住顧客，贏得市場，也才能最終戰勝競爭對手。

半個多世紀以來，可口可樂和百事可樂兩家公司一直進行著激烈的競爭，他們在開拓市場、尋求機遇、變不利因素為有利因素、實施切實可行的營銷策略等方面都取得了巨大成功，成為舉世矚目的營銷競爭範例。

一九七八年以前，可口可樂公司一直在印度軟飲料市場上佔優勢。然而，在一九七八年，由於可口可樂公司抗議印度政府的政策，突然撤出了印度市場，這對於一直伺機進入印度市場的百事可樂公司來說，真是個難得的機遇。

為此，百事可樂公司採取了四項措施：

（1）與印度一個集團組成合營企業，使其合作條件能夠超越印度國內飲料公司的反對和反跨國公司立法機關成員的反對，從而獲得政府批准。
（2）幫助印度出口農產品，並使其出口額大於進口氣泡飲料濃縮液的成本。
（3）保證不僅要在主要城市銷售，而且盡最大努力把百事可樂銷往鄉村地區。
（4）把食品包裝、加工和摻水等新技術提供給印度。

由於這種捨得讓利於人的戰術，使百事可樂徹底破壞了可口可樂試圖重新進入印度的計畫，進而打入印度市場，取代了可口可樂公司在印度的霸主地位。

五五、乘勢而起，大者恆大

擁有三千八百家飯店，七萬五千個房間及一千多個餐飲店的信託福特公司很容易使人聯想到金融組織。而事實上，這家英國公司主要從事的是飯店業和餐飲業。

從房間數量上看，信託福特公司在世界飯店業中排在第八位。但從利潤收入來看，該公司則排在首位。由此可以推斷：信託福特公司在經營管理上必有過人之處。

二十世紀初期，英國的鄉村客棧遇到了極大的麻煩。由於鐵路網的日益完善，使得那原來奔波於鄉村與城鎮之間進行貨物長途販運的四輪馬車逐漸銷聲匿跡了。「門前冷落車馬稀」成了這些鄉村客棧經營狀況的眞實寫照。

客棧老闆們為了振興不景氣的業務，把目標顧客從以前投宿的商販轉向當地的居民。老闆們在客棧中擴大了酒精飲料的業務比例，靠酒來吸引本地的顧客。然而，這鄉村客棧都變成了酒氣沖天、晝夜喧嘩的酒肆。

爲減少酗酒人數，挽救生意日下的鄉村客棧，英國政府要求英國各郡成立公立家庭信託公司。這種公司由當地居民集資共同買下不景氣的客棧，增加客棧中食品和住宿業務的比重，減少酒的銷售量。買下的客棧，由公眾推舉當地有名望的貴族或家庭負責管理，這些通常只擁有客棧百分之一股權的管理者成爲擁有百分之九十九股權的當地居民委託經紀人，所以把這種組織命名爲公立家庭信託公司。

一九〇四年在哈福德郡，信託公司成立了。這種新闢客棧，包括了公眾集資、大公眾服務、利潤公眾分享的各種優勢，使傳統的鄉村客棧獲得了第二次生命。

這家公司的業務範圍迅速跨出了哈福德郡，開始收購其他地區的鄉村客棧。到第一次世界大戰停戰時，它已經在英國擁有一百多家客棧，並以清潔、服務、美食這三大特點而聞名全國。隨著資金的寬裕、經驗的豐富，家庭信託公司把目光轉向了大城市中歷史悠久、名聲顯赫的大飯店，先後收購了布朗大酒店、卡文迪許飯店、海德公園大飯店等高檔豪華的飯店。

三〇年代末期，公司名下的客棧、飯店已逾兩百家。

在第二次世界大戰中，家庭信託公司的許多客棧飯店被軍方徵用，有些一直沒有歸還。因此，到戰爭結束時，家庭信託公司的客棧數下降到一百八十一家。但公司的營業額和利潤卻節節上升。這主要源於以下三點：強調服務質量、增加回頭客的比例；抓住英國人崇尚歷史、尊重名人的特點，集中力量收購一批歷史久遠或是由著名貴族家族所經營的飯店客棧，吸引慕名而來的新客；最後一點，適時地進行了產業多樣化的發展。

一九六六年，戰後繼續繁榮了近二十年的飯店業剛顯現出萎縮之勢，家庭信託公司就兼併了英國最大的餐飲服務企業約翰·加德納餐飲公司。這家公司之前還只是一家小小的屠宰廠，後來透過向遠洋貨船供應飯菜而發達起來。到二十世紀二〇年代，該公司成為向辦公機構、工廠和院校供應膳食的著名企業。二戰期間，英國政府要求工廠和政府機構都要為員工提供免費膳食，這使得約翰·加德納餐飲公司獲得了絕佳發展機遇。戰後，該公司的膳食品種從單一的盒飯快餐擴大到承包宴會。在與家庭信託公司合併時，它已是英國最大的餐飲服務公司。

卡米內·蒙福特一九〇八年出生於義大利。他的父親在一九一一年，前去投奔遠在英國的叔祖父帕西菲科·蒙福特。年僅三歲的卡米內從此告別了義大利，踏上了英國的土地。

帕西菲科是在二十五年前從義大利移居蘇格蘭的。一到蘇格蘭，他就發現這裡的人根本不懂如何做好冰淇淋。於是，他在當地開設了一家冰淇淋作坊，生意頗佳。

父親在經營冰淇淋的同時，又開設了一家義大利風味的咖啡廳。這個風格獨特、味美價廉的咖啡廳很快成爲當地最時髦的餐飲休閒場所。當卡米內長大後開始幫父親忙時，這個家庭已擁有好幾座咖啡廳和冰淇淋商店了。

爲進一步擴大業務，父親讓卡米內到英格蘭的一些大都市去開設冰淇淋商店。卡米內將自己的義大利名字改爲英國名字查爾斯·福特，懷中揣著父親給他的兩千英鎊，於一九三五年來到英格蘭。在繁華的倫敦雷根特街，福特開設了一家牛奶咖啡廳，開始了創業生涯。

二戰期間，依靠風味迷人的食品和精打細算的經營，小店得到了頗豐的收入，便以此作爲購買倫敦九家餐飲店的資金。

由於是義大利裔移民，福特在二戰期間被英國政府拘禁在懷特島上，理由是防止交戰國移民在英國進行破壞。即使是在福特缺席的情況下，福特控股公司下屬的餐飲店仍保持著鼎盛的生意情形。由此可見福特食品的魅力和經營管理制度的嚴謹。

戰爭結束後，福特重返倫敦，他聲稱要把戰爭時期的損失補回來。他將事業突破口選擇在宴會承包服務業。一九五一年，福特憑借風味出眾的獨特優勢，承接了為英國提供全套宴慶服務的工作，從此進入了宴會承包業。

一九五四年，福特又買下了擁有眾多餐廳和宴會廳的皇家咖啡廳。皇家咖啡廳是英國上流階層的社會名士們經常光顧的重要社交場所，二十個宴會大廳可同時容納二千五百名食客。福特控股公司一躍成為倫敦最大的宴會承包商。

大型宴會固然是利潤不俗的大市場，但福特也不放棄為普通顧客提供中低檔膳食的另一個大市場。一九五五年，公司與希斯羅國際機場達成協議，由福特控股公司為其供應快餐。五〇年代末，公司還建立了許多路旁快餐店，與美國的麥當勞等快餐服務很相似。

新的突破出現在一九八五年，福特宣佈買下倫敦市中心的沃爾多夫大飯店，正式涉足於飯店業。在餐飲業豐厚的利潤支持下，福特把收購重點全部集中於著名的高級飯店上。特別是在二十世紀六〇年代中期，福特以令人吃驚的魄力，用巨資一連買進三家巴黎最有名的大飯店，喬治五世飯店、阿特耐宮飯店、特雷莫伊勒大飯店。這三家都是五星級飯店，以豪華的陳設和卓越的服務而享譽國際飯店業。

在收購這三家法國大飯店時，福特控股公司遇到不小的阻力。那些以飯店業領袖自居的傲慢法國業者，公開對福特的管理能力表示懷疑。飯店員工們更是對外國主人充滿反感，他們嘲笑福特是只會在希斯羅機場賣熱狗、在高速公路旁兜售漢堡的小販。但福特不為所動，堅持買下了這三家飯店。那些曾嘲諷過福特的飯店員工感到自己一定會被炒鱿魚，於是都開始打點行囊準備離開了。

但是，福特不僅沒有裁減一名法國僱員，反而聘請了某些所謂的「敵人」，這一點眞是出乎人們的意料。英國《每日郵報》稱不計前嫌、以公司利益為重的福特是「眞正的企業家」。

這些備受顧客喜愛的「在外的家」，其利潤直線上升，佔信託福特公司總利潤的百分之二十。

在證實了飯店所具有的巨大潛力之後，福特把發展中檔飯店作為主攻方向。與此同時，他還採用了「品牌」這一普通商業的概念，對公司下屬各類飯店進行品牌分類。例如，所有在名稱中標有「福特」字樣的飯店，都是專門為商業旅行者提供服務的四星級飯店，裡面有先進的會議設施和通信設備。

而名稱為「旅行者之家」的飯店大多建在高速公路旁，專門為普通旅行者提供食宿及停車服務，屬三星級標準。這些品牌代表著相應的服務和舒適程度，使顧客一看名稱就知道其中的標準，減少了投宿的盲目性，受到普遍歡迎。福特這一做法，大大提高了飯店的住客率。

與一般飯店業集中力量於高中層級領域不同，信託福特公司在餐飲業以集中力量於一般快餐食品爲主。他在歐美各國開設的快餐廳，通常建在公路旁，緊傍著旅行者之家，由餐廳、零售店、汽車加油站組成一個完整的服務系統。營業額和利潤同樣蒸蒸日上。

從紙醉金迷的五星級豪華大飯店到貌不驚人的路旁快餐店，信託福特公司具有不容置疑的領先地位。雖然在一九九〇年，八十二歲高齡的查爾斯・福特把公司大權交給了兒子羅科・福特，但經濟專家們都認爲信託福特公司的經營方向不會有重大變化，變化的只會是公司的規模和利潤——持繼不斷地增長。

時時注意消費焦點，引導群眾熱情，才是發展企業的焦點所在。通過各方面的努力，信託福特會大踏步地前進！

★抓住時機

五六、掌握大局，乘亂進場

一九二九年九月，是一個極其可怕的日子，世界性經濟危機突然降臨，社會一片混亂，無數人的財產毀於一旦。許多人無家可歸，流亡街頭，第一次世界大戰後復甦發展的西方經濟瞬間陷於崩潰，無以數計的人成了這次災難的犧牲。

歐納西斯找到了經濟危機的谷底——船運業，經濟危機使世界貿易陷於癱瘓，海洋運輸業自然首當其衝，損失最爲慘重，幾乎已瀕臨死亡。

無數船隻悄然停泊在大大小小的港口碼頭，熙攘的人流，來回奔跑的汽車，聲如雷霆的起重機和裝運貨物的喧雜都不復存在，無論船東們怎樣奔波都無濟於事。歐納西斯卻決心向這個深不見底的行業投下他的資金。並且要讓他的資金有朝一日像熱帶植物一般繁茂生長，利潤滾滾而來。那些日子，歐納西斯發了瘋似的四處奔波，收購大量還有利用價值而價格極爲低廉的船隻。

在這場災難中，加拿大國有鐵路公司損失慘重，不得不拍賣部分固定資產，其中有六艘貨船，原價值爲兩百萬美元，如今願標價每艘兩萬美元就出售。

歐納西斯得知這個消息後，連夜趕到加拿大，全部買下這六艘被加拿大國營鐵路公司當做廢物處理掉的船隻。

人們把歐納西斯的做法看成喪失理智的行爲，說他要麼是瘋了，要麼就是純粹的傻瓜，用不了多久，這六艘船就會變成一堆廢鐵，到那時，別說兩萬，大概連五千也不值。在這種情況下，別的船東都在想方設法賣出船隻，免得損失太大，歐納西斯卻像撿寶貝似的往懷裡撿，眞叫人不可思議。

形勢發展並不樂觀，危機沒有很快過去，反而年復一年地更加嚴重，整個西方經濟猶如陷入了泥沼，無法自拔。歐納西斯卻毫不動搖，他堅信經濟復甦一定會到來，到那時，他的貨船將會成爲無價之寶。

皇天不負苦心人，經濟復甦的日子終於到來了，而且伴隨著一場更大的災難，第二次世界大戰爆發了。當人們惶惑不安忙於逃難的時候，歐納西斯的貨船開始發揮神奇的效用。這些浮動於水面的運載工具一夜之間身價百倍。他的耐心得到了報償。

歐納西斯欣喜若狂，率領他的船隊投入繁忙的運輸業務，人們把這些船隻稱爲「浮動的金礦」，歐納西斯的夢想實現了。沒有幾個人能有歐納西斯這樣的勇氣和膽魄，那時候，新的船隊還來不及組建，舊的船東已所剩無幾，海洋運輸業是在幾乎沒有競爭對手的情況下向歐納西斯完全敞開了它的大門。當年的「一無所有」，其實不過是一種暫時的假象，但它卻蒙蔽了無數人的眼睛，把機會獨獨留給了這個不甘平凡、富有耐心的希臘人。

隨著戰爭的日趨激烈，歐納西斯的船隊夜以繼日地來往在海洋運輸線上，金錢自然也無以數計。等到戰爭結束時，歐納西斯已置身於擁有「制海權」的巨頭之中，成爲一個有錢有勢舉足輕重的大船東。

在浪沙中淘「金子」，應該擁有獵犬的靈敏和機智，能從紛雜的事態之中找出事物的發展線索和規律，從而駕馭整個事態的發展。從上面的案例之中，又應推導出另一個哲理的命題——機會總是留給有準備的人。

五七、利用時勢，挖掘商機

一九七三年三月，非洲的薩伊發生了叛亂。這件事，對於遠隔重洋的日本企業，似乎沒有多少意義，但日本三菱公司的決策人員卻沒有放過這一訊息，他們經過分析認爲，與薩伊相鄰的尚比亞是世界重要的銅礦生產基地，有可能受到叛亂的影響，對此不能掉以輕心。

於是，三菱公司的決策人員命令情報人員密切注視叛軍的動向。不久，叛軍向尚比亞移動。公司總部接到這一情報後經過分析預見到叛軍將切斷交通，由此必將影響到尚比亞銅礦的輸出，從而影響世界市場上銅的價格。

三菱公司經過推斷，果斷地作出決策，大量收購市場上的銅。而當時，叛軍尚未切斷交通，市場上的銅的價格沒有太大的波動。三菱公司趁機低價購進了大量的銅，待機賣出。

果然，後來叛軍切斷了交通，每噸銅價上漲了六十多英鎊，三菱公司將先前購進的銅賣出，賺了一大筆錢。

三菱公司乘薩伊發生叛亂之機，發了一筆橫財。其成功的關鍵就在於公司決策人員多謀善斷，從訊息情報中尋找「火」源，憑科學推斷，從而將一般人所不曾留意的訊息變成了財富。

五八、順應時勢，擴張實力

所謂識時勢者爲俊傑，規模龐大的公司力求發展更應緊抓時代脈搏。NKK公司做到了這一點。

NKK公司（日本鋼管公司）創建於一九一二年，公司總部設在日本東京。一九九一年銷售額爲一百三十八點五億美元，利潤額爲二點零七億美元，員工四萬一千一百一十九人。在世界最大五百家工業公司中排名第八十七位。

NKK公司是日本最早成立的民營鋼管專業公司，在福山和京濱設有大鋼鐵廠。NKK公司原設有重工業分部和造船分部，後爲了適時地、進一步細緻周到地適應不斷發展的社會需求，公司在積極發展原有各項事業的基礎上，積極地向綜合城市開發、新材料、電子工業、生物工程等新領域發展，並將分部重新編排，設立了鋼鐵事業部、綜合工程建設事業部、新材料事業部、綜合城市開發事業部、電子工業本部、生物工程開發中心、技術開發本部等六個分部。

鋼鐵事業部擁有世界最大的規模的福山制鐵所和現代化的京濱製作所，粗鋼年產能力爲一千六百五十萬噸，是世界上規模最大的綜合性鋼鐵廠。該廠占面積達一千六百五十萬平方公尺，將煉鐵、煉鋼等各車間佈置在原料碼頭和成品碼頭之間的一條直線上，其工廠佈局極爲合理。京濱製鐵所是ＮＫＫ公司的發源地，新的京濱製鐵所將原有的分散的設備集中起來進行合理的佈局，並全面採用了計算機控制系統，實現了合理化和節能化，而且製鐵所還在各處設置了最先進的防止公害設備，在環境保護方面採取了有效的對策，成爲世界領先的花園式現代化工廠，受到國內外的矚目。

綜合工程建設事業部是一九八九年七月將原有的幾個部門合併後建立起來的，包括能源、環境、鋼鐵結構和機器、船舶與海洋五個本部，各個本部把公司的先進技術與多年積累的專有技術集中起來。爲適應社會廣泛需要和開發優質產品提供良好的服務，其能源工程建設本部應用公司創業以來所積累的鋼鐵和航船製造技術，參與石油、天然氣、電力等能源領域的各種建議項目。

在世界不斷發展變化的今天，技術飛速發展，生產週期縮短，由於競爭的不斷加劇給生產效率施加了巨大的壓力，人們的期望值也在提高，各領域的經營都在向全球範圍發展，因此，必須適應新的挑戰。

NKK公司長期以來在日本鋼鐵工業中一直處於領先地位，爲了在迅速變化的時代中立於不敗之地，公司採取了一些對策，透過直接地和果斷地提出問題，保持其在全球鋼鐵製造領域的優勢，用合理的經營來服務和提高競爭的能力和質量。在重點領域，公司對生產設施進行了實質性的投資，這是公司有信心的措施之一。儘管公司的生產基地在工業領域中已處最先進的地位，公司仍系統地將它變得更有效率。福山製鐵所、京濱製鐵所和在美國的國民鋼鐵公司（NATIONAL STEEL）將作爲推行最後質量和生產力項目的中心，這些步驟能夠提高和增強公司的地位和能力，同時更爲重要的是它將使公司更富有競爭力，以服務於顧客。在管理方面，傳統的日本管理方式是低調和平主義的，而在變革的時代，主要的任務是領導，不僅僅是協調。公司的總裁說：「我們的作用是鼓勵NKK接受機會，挖掘潛力。」同時，公司鼓勵各部門的自治，爲了發揮個人的積極性，公司重新作了組織調整。例如將一些操作單位變爲子公司，雖然這個過程不很順利，但爲了長遠的利益和成功，公司會承受暫時的失敗。

ＮＫＫ公司認爲，有困難，也必然有機會。因此，在保持優勢的同時，迅速將自己轉變成爲一個社會需求、技術創新的多種經營的公司，並不斷發展與海外公司的關係，參與開拓新的領域。尖端技術，包括電子、新材料和生物技術，將作爲公司研究試驗室的焦點。作爲主要生產廠家，已意識到了電子系統的專門知識的作用，下一步是將電子學的經驗應用於其他製造業硬體與軟體的研究與開發。在生物技術方面，將借助外部研究人員和顧問的幫助。將合作者的傳統與自己的傳統結合起來。在許多事情中，特別是技術和市場的發展中，鼓勵競爭而不是相互妥協，在僱員中灌輸忠誠和爲質量獻身的思想，這方面，日本的方法也許更有效。

爲適應新的挑戰，制定了新的目標與規劃。在公司內部，重點是將主要的鋼鐵製造廠家變爲多種經營組織，在公司外部，重點是滿足社會需求。

對未來的著眼點是創造性的生產製作，認清生產與服務部門平衡狀況，強調反應能力和長久的實力。依靠在鋼鐵製造方面的成就，努力將公司的過去變爲公司的未來。

將改變一體化的工程服務，利用先進的技術，如計算機的軟體和網絡系統，使其發揮顯著的作用。在現有能力的基礎上，利用自動化生產和管理程序，使企業更有效率，讓ＮＫＫ給人們留下更深的印象。

作為新材料領域的先鋒，繼續在陶瓷、化學製品、聚合體及新金屬方面進一步創新，並將在有關領域得到應用。

NKK公司充分認識到新領域的潛藏力量，電子產品是公司的第四支柱。由於專心於系統應用，因此形容這一領域爲智能自動化，反映在產品的研究與開發上，就是半導體產品、自動化設計軟體、計算機、邊緣產品以及數據傳遞設施等。對生物技術的研究在穩步向前發展，醫藥應用是公司的特殊重點。重點項目包括商用氨基酸和其他先進的生物技術產品。

NKK的宏偉計畫正在變爲實質性的成就。這一過程標誌著NKK公司的發展的轉折點，無論是實驗室還是眞正的工業區，公司的成果服務於國際上的企業和民眾。

三十多年前，NKK在紐約設立了辦事處，不久又在杜塞爾多夫和新加坡設立了辦事處。這是公司建立世界性網絡的開端，目前這個網絡已擴展到十二個國家，並從開始的設立辦事處、開始市場發展到現在的辦分廠更廣泛的聯繫。一九八四年，NKK公司購買了美國國民鋼鐵公司（NATIONAL STEEL）百分之五十的股票，該公司是美國六大鋼鐵公司之一，這是NKK公司朝著國際合作邁出的重大一步，也使NKK公司提高了效率和地位。另外，與B&W公司和瑞典STUDSVICK公司的技術合作，支撐了NKK公司的技術能力。通過合作，NKK公司修改了核能系統定期處理裝置，特別是運輸和儲存廢燃料容器，使不銹鋼迅速向厚的球墨鑄鐵轉換，這個新系統不僅提高了安全標準，而且降低了成本。

NKK必然會在不斷的海外擴張中獲得進一步的發展。

順應時勢，方能生存；墨守成規，鮮有發展。

★商機處處

五九、小題大作，創意商機

加藤信三是日本獅王牙刷公司的職員，日本人以勤勞著稱，日本的公司職員工作一般都比較緊張。加藤信三也不例外，每天一清早他就得起床，即使感覺睡眠不足，頭暈目眩，也只得硬撐著，爲了趕上班，時常是閉著眼睛匆匆忙忙的洗臉、刷牙。

有一天，他正刷著牙，又發覺自己的牙齦出血了，用這種牙刷刷牙已經好幾次使自己的牙齦出血了，加藤信三氣得想把牙刷往地上摔，但事後冷靜一想，他覺得像自己這樣刷牙刷到牙齦出血的人也許爲數不少，也就是說有許多人對傳統的牙刷感到不方便、不滿意。這麼說來，如果自己能夠解決這個問題，那一定會受到許多人的歡迎。爲此他想到了許多解決牙齦出血的方法，例如：牙刷改用很柔軟的毛，這樣確實能夠解決牙齦出血的問題，但牙刷毛過於柔軟，不能很好的清除牙縫中的「垃圾」；又如使用前把牙刷泡在溫水裡，讓它變得柔軟一些，或者多用一點牙膏，但他都覺得不夠理想，因為不是很方便。後來他又想到：牙刷毛的頂端是不是像針一樣尖呢？牙齦出血可能是它刺出來的。他把牙刷放在放大鏡下查看，意外發現牙刷毛頂端是四角形的，也許是這種四角形的牙刷毛頂端稜角太分明，容易刺傷牙齦吧！於是加藤針對這個缺點想出了一個好辦法：把牙刷毛的頂端磨成圓形，那麼用起來一定不會再出血了。

加藤遇到自己感覺不方便、不滿意的事沒有發發牢騷了事，也沒有一味忍著，而是把不滿變成革新的動力，緊緊抓住機遇。經過試驗，牙刷毛的頂端磨成圓形後，因為沒有四角形那麼稜角分明，也就不容易刺傷牙齦，效果十分理想。於是他就把他的新創意向公司提出來，公司對此非常感興趣，馬上採納了他的新創意。後來獅王牌的牙刷頂端就全部改成圓形，並受到消費者的普遍歡迎。這樣一來獅王牌牙刷不僅在眾多牙刷中一枝獨秀，而且歷久不衰，銷售長紅了十多年，至今依舊不減。

加藤信三在日常生活中時刻留心，不以事小而不為，用自己的智慧造福人類，也為自己掙得了財富，他也因此由一個小職員一躍而升為課長，後來又升為董事。

六〇、細心觀察，變水為金

在商戰中，有時不敢輕舉妄動，不妨從以下這些話中去尋找啓發：《孫子兵法．火攻篇》中說：「凡火攻，必因五火之變而應之。火發於內，則早應之於外；火發而其兵靜者，待而勿攻；極其火力，可從則從之，不可從則止，火可發於外，無待於內，以時發之；火發上風，無攻下風；晝風久，夜風止。凡軍必知五火之變，以數守之。」

其意思是說，凡是火攻，一定要根據上述五種火攻所造成的變化，適當的運用兵力與它配合。如果從敵人內部放火，就要及早從外面策應；放火以後敵軍仍然保持安靜，應該等待觀察，不要立即進攻；火勢最猛之時，再根據情況，可攻則攻，不可以進攻就停止，如果可以從敵人外部放火，就不必等待內應，只要看到時機有利就放火；如果從上風放火，就不要從下風放火；白天颳風的時間久了，夜晚就會停止。軍隊作戰必須懂得五種火攻的變化運用，並根據氣象情況防備敵人使用火攻。此火攻之道，概而言之，便與隔岸觀火亦相吻合。

商戰計謀中，如何結合應用此法？

美國巨富亞默爾在少年時只是一名小農夫，十七歲那年，被淘金熱所席捲，歷盡艱辛，投入淘金者行列。

山谷裡氣候乾燥，水源奇缺，尋找金礦的人最感到痛苦的就是沒有水喝。他們一邊尋找金礦，一邊罵：

「要是有一壺涼水，老子給他一塊金幣。」

「誰要是給我狂飲，老子給兩塊金幣。」

說者無意，聽者有心。在一片「渴望」聲中，亞默爾心有靈犀一點通。

於是，他退出淘金行列，把手中的鐵鍬換了一個方向，丟掉挖金念頭，由挖掘黃金變為挖水渠。一鏟又一鏟，他終於把河水引進了水池，經過細沙過濾，變成了清涼可口的飲用水。

一見他擔著水桶、提著水壺走來，那些唇乾舌燥的淘金者蜂擁而上，金幣一塊塊投入他的懷中。

有人嘲諷他：「我們跋山涉水為了挖到金礦，你卻為了賣水，何必到加州來呢？」面對冷嘲熱諷，亞默爾泰然處之。後來，許多淘金者離去，亞默爾則以此奠定了發展基石。

亞默爾的發跡，就在於他對火熱的挖金浪潮泰然處之，及時捕捉訊息，伺機而動，從中取利。由此可見，在商戰中「隔岸觀火」是非常必要的。

六一、日常閒談，話裡藏金

日本三矢公司董事長飯山滋朗，在東京板橋區蓋了花費兩億日圓的公司和工廠。他的財富也是多走動、多聽人家的閒談得來的。

他本來是日本北海道木材製品公司東京分行的經理，從這家公司辭職後，就借錢買了一部舊機器，製造賣給觀光客用的超長身和超短身鉛筆，但銷售量很少，無利可得。

有一天，飯山到一家冰淇淋店時，店老闆正在對顧客說：「冰淇淋用的紙杯越來越貴，紙質也比以前差很多，而且紙杯又是造成髒亂的元兇。」

飯山一聽，覺得有機可乘，木片是最簡單而又最便宜的代替品了。於是他馬上用原有的機器來製造冰淇淋用的木片和竹籤。他的木片和竹籤做得非常美觀可愛，加上成本低廉，因此銷路奇佳。隔不久用木片的冰淇淋就流行起來，代替了紙杯裝冰淇淋。

就是一句閒話，終於使飯山起死回生，賺到好幾億日圓。

新產品的問世、暢銷，是要以有市場為前提的，獲得市場情報的途徑很多，「閒話」也是途徑之一。

六二、紙袋雖小，賺錢可大

島村產業公司及丸芳物產公司董事長島村芳雄，是一位無中生有的經商者，當年他背井離鄉前來東京一家包裝材料店當店員時，年薪只有十八萬日圓，還要養活母親和三個弟妹，因此時常囊空如洗。他回憶說：「下班後，在無錢可花的情況下，我擁有的唯一樂趣，就是在街上走走，欣賞人家的服裝和所提的東西。」

有一天，他在街上漫無目的的散步時，注意到女性們無論是花枝招展的小姐，還是徐娘半老的婦人，除了都拿著自己的皮包之外，還提著一個紙袋，這是買東西時商店送給她們裝東西用的。他自言自語：「嗯！這樣提紙袋的人，最近越來越多了。」島村這一想，整個的心就被紙袋佔住了。兩天後，他到一家跟商店有來往的紙袋工廠參觀。果然，正如他所預料的，工廠忙得像發生火災的現場一樣。參觀之後，他怦然心動，毅然決定無論如何非大幹一番不可。

「將來紙袋一定會風行全國，做紙袋繩索的生意是錯不了的。」

身無分文的島村雖然雄心勃勃，但卻無從下手，因爲他身無分文，所需的資金從哪兒得來呢？他決定硬著頭皮去各銀行試一試。一到銀行，他就把紙袋的使用前景、紙袋製作上的技巧等說得口沫橫飛，但每一家銀行聽了他的打算後，都冷冷淡淡的不願理睬他，甚至有的銀行以對待瘋子的態度來對待他。

「我每天前去走動拜訪，總有一天他們會改變主意的。」他如此想，決定把三井銀行作爲目標，連續不斷的前去展開連環攻擊。

然而他瘋人般的熱心，在三井銀行也沒有得到同情，起初態度冷冷淡淡連他的話都不願聽的職員們，過了幾天，對他蔑視的態度就逐漸表面化，終於耐不住厭煩大發脾氣，一看到他就怒目相視。有時他一來，大家就發出一陣哄笑來取笑他，有時乾脆把他趕出去。皇天不負苦心人，前後經過三個月，到第六十九次時，對方竟被他那煞費苦心、百折不撓的精神所感動，答應貸給他一百萬日圓。當朋友和熟人知道他獲得銀行貸款一百萬日圓後，紛紛過來幫忙，有的出資十萬日圓，有的貸款給他二十萬日圓，就這樣他很快就籌集了兩百萬日圓的資金。

於是，島村辭去了店員的工作，設立丸芳商會，開始紙袋業務，最終取得了令人矚目的業績。

第五篇　危機處理

六三、轉變觀念，客戶至上

思想是行動的先導，轉變觀念，也就改變了行動的方向。成功的關鍵就在於是否善於運用大腦，轉變觀念。

一九九二年的ＩＢＭ雖頭頂「國際著名公司」的桂冠，實際卻是「國際虧損大戶」。就在這ＩＢＭ斜陽下的困難時期，幸運地迎來了葛斯納。

一九九三年四月，葛斯納（ＬＯＵＩＳ ＧＥＲＳＴＥＮＲ）執掌ＩＢＭ大權之時，ＩＢＭ的情況糟糕到了極點：前一年的虧損高達七十億美元，當年的虧損預計將在八十億美元以上。專業人士紛紛預計，ＩＢＭ的繁榮大概要像恐龍時代一樣一去不復返了。然而，僅僅是在一年之後的一九九四年，ＩＢＭ的營利就達到三十億美元，一九九五年度的營利高達六十二億美元，成爲全球營利最高的企業之一，再度成爲業界關注的焦點之一。

那麼，葛斯納是怎樣使ＩＢＭ走出低谷並再露鋒芒的？

葛斯納的秘訣在於他成功地改變了ＩＢＭ內部的觀念，他讓人們跳出了技術的角度，轉而從客戶需求的角度去考慮公司的發展方向。在他看來，「只有當資訊技術世界的人們不再為技術而崇拜技術，而是轉而注意技術對於客戶的眞實價值，服務於用戶的需求，資訊革命才可能眞正發生。」

顧客到底需要什麼，我們便做什麼。這才是成功的秘訣。難道不是嗎？「誰在和客戶打交道？」他一再地向這些經理們發問，「如果ＩＢＭ的問題是出在技術上，那麼我今天就不會在這兒了。」五十四歲的葛斯納解釋道。到任後幾周，葛斯納即把一百家ＩＢＭ主要客戶的資訊長（ＣＩＯ）請到一家度假村，一一徵詢他們對ＩＢＭ的看法。這是ＩＢＭ歷史上首次由總裁親自做的一場調查。

客戶反應，ＩＢＭ難打交道，不重視客戶的需要。一些客戶想買ＩＢＭ的大型機，但總是被告知這種機器像巨獸一般龐大且複雜無比，或者說客戶買不起。結果，不少客戶就被嚇跑了。

大型機系雖然是ＩＢＭ的絕對優勢，但出於對客戶需求的理解，公司決定大幅度降低價格，並集中力量幫助客戶建立和管理相關資訊。由於公司提高了對客戶服務的質量，使公司銷售達到了一個新的高峰。

葛斯納要求經理們關注公司的利潤，而不僅僅是產品。於是，他在全公司範圍內推行收入和業績掛鉤的政策，制止經理將不好的生意踢給別的部門。經理們被告知必須用自己的錢購買ＩＢＭ的股票，葛斯納自己帶頭購買了三百一十八萬美元的股票。將經理們的命運拴在ＩＢＭ身上，經理們說：「突然間有了緊迫感，這是告訴我們『要麼跟著跑，要麼走人。』」

葛斯納是資訊技術業界少有的幾位非技術專家出身的企業總裁之一，在就任ＩＢＭ總裁之前曾任美國運通公司的納比斯科食品公司的總裁。任職運通公司期間，他是ＩＢＭ最大的客戶之一，這一經驗使他比絕大部分技術專家們更能理解客戶的需求。

ＩＢＭ的改革已在很多方面成效卓著，葛斯納並未用什麼新的招數，但用ＩＢＭ經理們的話說：「ＩＢＭ越做越好了。」

古語曰：「得良將者，得天下。」葛斯納上任後，直接了解用戶需求，動員ＩＢＭ上下滿足用戶的需求，可以說，他抓住了企業利潤的源頭。

六四、急流勇退，先見之明

工業革命開始時期創建的英國ＧＫＮ公司，到十九世紀末發展成爲世界最大的鋼鐵企業之一。但是，隨著鋼鐵工業的國有化，ＧＫＮ公司失去了主要支柱產業。

ＧＫＮ何去何從？圍繞著ＧＫＮ的前途問題，公司的高層管理人員爭論不休。霍爾茲沃恩當時在GKN公司任會計師，有幸參與了這場爭論。在經過縝密的調查後，霍爾茲沃恩謹愼地向GKN公司董事會呈交了一份有關公司發展前途的戰略報告。

按照霍爾茲沃恩的報告得出的建議：GKN公司將不再是一個鋼鐵集團公司，因此，公司應立即轉型，開發新產品。

但是，GKN公司剛剛創建了一家年產六百萬噸鋼管的鋼管廠，如果採納霍爾茲沃恩的建議，鋼管將被收購，所有投資都將化爲烏有；再者，霍爾茲沃恩不過是一名微不足道的會計師。在權衡「利弊」之後，GKN公司的決策集團放棄了霍爾茲沃恩的建議，仍按既定方針推進鋼管廠的生產。

歷史的進展完全證實了霍爾茲沃恩的戰略預測——僅僅過了兩年，GKN公司的鋼管廠陷於困境，不得不停產。董事會的董事們在焦頭爛額之際想起了霍爾茲沃恩，於是破格把他提升爲公司的副總裁兼常務經理。

霍爾茲沃恩上任後就著手公司轉型的工作。他買下比爾菲爾德公司，將該公司生產的一種新型產品投入歐洲和北美市場；又開發出一種廉價的運輸機，使產品暢銷全世界。GKN公司頓時面貌全新。不久，霍爾茲沃恩又研製出新型戰鬥機「勇士」號，一舉佔領了英國軍用機生產市場，爲GKN公司帶來了巨大的利潤。

一九八〇年，霍爾茲沃恩因業績非凡而被公司任命為董事長。這時，英國的鋼鐵工業陷入一團糟的窘地，ＧＫＮ公司也因此受到衝擊，面臨新的、嚴峻的考驗。

在新形勢之下，霍爾茲沃恩的同行們都認為這是工人罷工造成的，霍爾茲沃恩在調集了各方面的資料進行研究後提出了一個完全不同的觀點：這是英國工業衰退的先兆，更大衰退即將來臨。

霍爾茲沃恩毫不猶豫地採取措施改變公司的產業結構，他先後賣掉了公司在澳大利亞的鋼鐵業股權和英國的傳統機械公司，同時在法國、美國和英國本土創辦了五家新公司。

對霍爾茲沃恩的大膽舉措，許多董事提出異議。霍爾茲沃恩不為之所動，堅持「我行我素」。不久，英國工業的全面衰退果然來臨，ＧＫＮ公司因早有準備，損失減到了最低，而其他公司則紛紛倒閉，人們無不為霍爾茲沃恩的高瞻遠矚和果斷舉措而讚歎。

如今，ＧＫＮ公司已成為全世界開發複雜新型機械產品和應用最新技術的領頭人，霍爾茲沃恩也成為一位舉世公認的企業戰略家。霍爾茲沃恩是英國工業界的驕傲。

六五、力挽頹勢，亂中取勝

在商場上，企業內部常常出現混亂現象，這一方面是由於其內部經營管理不善而造成的，另一方面則是由於外部環境的變化或競爭對手人為而造成的。企業經營者面對處於窘境之中的同行，在法律允許的範圍內，完全可以量力而行，兼而併之。這種兼併不僅表現在大企業兼併小企業，還可以表現在一些經濟效益顯著、產品市場佔有率高的小企業，趁著大企業混亂時而兼併它們。

中國杭州有一家娃哈哈營養食品廠，是著名的百餘人企業，但年產值卻高達一億元人民幣，利潤二千二百萬元人民幣，產品供不應求，急需擴大規模。廠裡曾想徵地建廠房，但又怕動用資金太大，二三年翻不了身，白白錯過了產品銷售的黃金季節。爲了盡快擴大再生產，他們決定兼併杭州罐頭廠。因爲該廠雖有員工一千五百人之多，但是經營機制不活，管理不善，經營十分困難，產品大量積壓，連續三年虧損，累計達一千七百多萬元人民幣，企業奄奄一息。當兩家廠合併爲一家後，改名爲杭州娃哈哈食品集團公司。

公司大膽進行三方面的改革：一是調整產品結構，停止一切虧損罐頭產品的生產，轉產優勢產品；二是改革內部分配制度，完全實行超額獎勵；三是根據生產需要，合理設置內部機構，自主聘選幹部。娃哈哈食品集團公司雖然被有些人說成「趁亂沾功，是最爲不道德的公司」，但是這些人也不得不承認娃哈哈廠時機趕很好、趕得巧，因爲，該公司新成立三個月，就新增利潤一百多萬元人民幣。

娃哈哈亂中取勝，可謂大智大勇。

六六、借屍還魂，重現生機

由於中國內部改革大潮的衝擊，經濟政策的不斷調整，經常會有一些企業或個人被「置於死地」，於是迫使身處絕境的企業和個人，想盡辦法去尋求新的生機和活路。

在經濟體制的改革中，軍工企業改爲生產民用產品，企業由吃「軍糧」改爲主要靠市場養活，這一政策把許多企業導向「絕境」。然而，陷入「絕境」的經營者們的頭腦卻一下子被激盪活化了，他們產生了新的觀點和方法，生產出新的產品，企業從而「借屍還魂」，獲得了前所未有的生機與活力。這方面的例子很多。

某軍工企業過去只生產軍用品，靠吃「皇糧」過日子。由於政策調整，軍用品減少，「皇糧」吃不飽了，只好把眼睛轉向市場。現在他的發展仍發揮自身的優勢，捕捉市場資訊，市場缺什麼就生產什麼，每年都開發三四種新產品。有一企業過去只生產鋼盔，現在卻自己開發出雙孔排油煙機等七種新產品；另一企業僅自己開發的新產品就創產值一百四十餘萬元人民幣。

由此可見，身陷絕境並不可怕，關鍵在於經營者能夠「借屍還魂」，想方設法尋求新的出路。

六七、跳樓拍賣，死地後生

有一家現在很有名氣的工廠，當年曾一度陷入困境，廠長決定背水一戰，宣布將積壓在庫房中價值數十萬元人民幣的產品當作廢物賣掉。

這個決定驚動了上上下下，頓時輿論嘩然，褒貶不一。新聞界報導與各方的關切，正中廠長下懷。他拿出自己的設想、規劃和管理方案，拿出經整頓後生產的合格產品，終於取得了輿論上的支援，使產品走向國際市場。

這位廠長的驚人之處，就在於他敢把幾十萬元人民幣產品當廢物賣。捨掉幾十萬元人民幣，從經營戰略來分析，可說是一步險棋，但又是一著妙棋：對外，謀求企業生存、發展的途徑；對內，使全廠員工痛定思痛，產生一種危機感、緊迫感，最終，振奮精神，推動企業進步。

六八、砸牌借牌，東山再起

中國洗衣機行業的巨擘榮事達集團，在中國家電行業競爭不斷走向白熱化的一九九五至一九九七年間，連續三年穩坐小岡洗衣機行業產銷量第一把交椅——一百二十七萬台、一百五十萬台、一百七十五萬台。中國家電協會有關統計表明，榮事達一九九六年的一百五十萬台產銷量，已使它成爲世界同一產地規模最大的洗衣機生產基地。一九九七年它再次刷新了這一紀錄。

榮事達集團最早是一家工業合作工廠，其後，幾經分合波折，至一九七七年，工廠有資產三百萬元人民幣，員工一千三百多名。一九八〇年該廠開始生產洗衣機，一九八一年生產了兩千台，逐漸形成了合肥洗衣機廠。合肥洗衣機廠曾有自己的「佳淨」牌洗衣機，然而由於質量差而無人問津，後改名爲「百花」牌，仍由於品質不佳而打不開銷路，企業一時陷入了困境。

一九八六年陳榮珍調入該廠。以陳榮珍爲首的領導班底經過一番評估後，做出「砸牌借牌經營」的決策，砸掉該企業的「百花」牌，借用上海「水仙」牌。從一九八七年到一九九二年透過「借牌」，合肥洗衣機廠開闢了市場，也實現了自我積累。該廠借牌六年，注重產品質量的不斷提高和銷售網絡的營建，不僅爲被借品牌鞏固了形象，創造了利潤，更主要的是爲自己品牌奠定了雄厚的基礎。陳榮珍認爲：借牌只是手段而不是目的，借牌是爲了創牌，並且要敢於超越被借品牌。一九九二年，合肥洗衣機廠與上海

「水仙」牌洗衣機廠合約期滿，該企業便與港商合資成立合肥榮事達電氣有限公司，創立了自己的新品牌——榮事達，並一舉成功。在短短幾年內，「榮事達」便成為知名品牌，到一九九七年形成榮事達家電集團，擁有九個子公司，總資產約為二十四點三億元人民幣，員工七千一百名。

當合肥洗衣機廠經營出現困難時，該廠的領導班底敢為人先，毅然採取砸牌、借牌的經營策略，使企業獲得了新生和發展。

六九、四度交鋒，虎口餘生

當你接近問題時，問題自然也最接近你，這時你應做的就是想盡一切辦法把它解決。

海灣石油公司因為在處於黎明期的石油業時，在德州波蒙特市附近的軸頂鑿到了一口巨大的油井，從而確立了大公司的地位。到了一九七〇年，海灣石油公司成為名列「七姊妹」（SEVEN SISTERS）之一的巨大企業。所謂「七姊妹」，是指艾克森（EXXON），美孚（MOBIL），德士古（TEXACO），標準（SOCAL），英國石油（BRITISH PETROLEUM），荷蘭皇家硯殼（ROYAL DUTCH SHELL）及海灣（GULF）這七家公司。

但這「七姐妹」卻有共同的弱點，那就是石油的供給仰賴石油輸出國組織（OPE

C）的加盟國科威特和委內瑞拉。到了一九七〇年，海灣石油公司的生產量降低了百分之八十。為要確保石油的供給，海灣石油公司不得不運用非法手段進行賄賂。

一九八一年詹姆士·李出任海灣石油公司董事長兼最高層管理人，並於第二年買下城市服務公司。靠這項收購，海灣石油公司獲得了早前所需的石油埋藏量，而使往下滑落的生產得以增加。可是，一個以美莎石油公司老闆身份的名叫小皮肯斯的人，也想收購城市服務公司，但因海灣石油公司提高報價而罷手。但是海灣石油公司也沒能倖免，最終城市服務公司落入西方石油手中，可小皮肯斯仍未就此死心。

小皮肯斯瞄準新目標——這回是海灣石油公司本身。一九八三年八月，小皮肯斯跟他的夥伴——投資家集團大量購入海灣石油公司的股票。接著，這個集團要求海灣石油公司把該公司的石油及天然氣的埋藏量交由皇室信託（ROYALTY TRUST）保管。這項行動失敗的小皮肯斯及其同夥擬訂一項計劃，打算收購海灣石油公司，然後零星分割，把它賣掉。然而，海灣石油公司方面也展開反擊，它以小皮肯斯集團操作股票而提出訴訟。為此，紛爭不息。海灣石油公司的目的顯而易見，它要解除小皮肯斯的包圍。

面對小皮肯斯的挑戰，海灣石油公司可以選擇的基本戰略有三種：

（1）把小皮肯斯及其集團所收購的海灣石油公司股票悉數購回；

（2）跟小皮肯斯所進行的攻擊完全一樣，以威脅要收購美莎石油公司而展開還擊；

（3）向銀行籌措資金，收購某一第三企業，增加債務，而使小皮肯斯打消收購的念頭。

海灣石油公司的李接受了大西洋富田石油公司的最高層管理人安德生的建議，決定以七十美元一股的價格買下所有股票。這筆交易價值一百三十億美元，以為這樣可以嚇退小皮肯斯。

聽了這項聲明，同夥中有幾位已提不起勁，但小皮肯斯依然鬥志未消。他與另一位德州富豪——百仙特拉爾公司董事長卡爾．林德納——聯手，這位董事長答應對美莎石油公司投資三億美元，幫他買下海灣石油公司。

對於海灣石油公司而言，形勢已告絕望。它雖然對小皮肯斯施加威脅，卻被巧妙地閃開了。海灣石油公司其實並沒有收購美莎石油公司的能力，也沒有買下第三家公司的餘裕。從各方面一看，海灣石油公司顯然已難逃被併購的命運。可是，李拋不掉有朝一日被小皮肯斯買佔的疑慮，轉而尋求另一種不同的途徑。

表面上，海灣石油公司徵求後援者資金，作為努力實施第二戰略（收購美莎石油公司）或第三戰略（收購第三家公司而增加負債）的一環。在此期間，它曾與六家企業秘密接觸。對於海灣公司的這項建議，有了迅速的答覆。其中之一來自加州標準石油——即所謂的SOCAL公司。一九八四年三月三日，海灣石油公司的股價爲每股約七十美元。而一九八三年每股才二十九點五美元，這股價的上漲，主要是因小皮肯斯的股票收購所導致的。加州標準石油公司表示願以每股八十美元收回。在數小時內，交易宣告成立。

雖然已失去獨立企業的地位，但海灣石油公司在與小皮肯斯的戰爭中，借由運用戰術上的奇襲而獲得了勝利（免於分割出售）。

從這一案例中我們可以看出，要想取得勝利，信念的堅定、行動的速度是非常重要的。只有在行動速度上取勝，才有可能實現最後的勝利。

★ 尋找掩護

七〇、明修棧道，暗渡陳倉

日本精工與卡西歐兩家公司，曾是手表製造業的競爭對手。精工公司發現瑞士人發明並研製了石英電子錶以後，預測到在未來的一段時間內，市場將大量需求這種物美價廉的手錶。便以仿造瑞士表爲主，推陳出新，很快佔領了國際市場，卡西歐公司在這一競爭中成了敗將。然而，卡西歐公司並不氣餒，經過分析，公司老闆認爲尾隨精工之後，難以與之爭勝，必須另謀出路。一方面裝作若無其事的樣子，並放出風去，說準備轉產；另一方面卻在暗中以石英晶體爲震盪器的顯示技術爲目標，大力進行研製，經過反覆實驗，終於開發了精確度更高、造價更低的石英電子手錶。使得精工公司不得不採取新的策略，以迎接卡西歐公司的挑戰。

此後，卡西歐公司又以石英震盪器爲中心，開發了一系列新的電子產品，除電子手錶之外，還大量生產收錄機、電子鐘、文字處理機、計時器和電視機等，公司效益日益提高。

這一事例中，卡西歐公司在與精工公司競爭中處於劣勢，所以公司領導層故意放風說要轉產，實則是爲了掩蓋其研製廉價電子錶的目的，從而在競爭對手沒有注意的情況下，佔領手錶市場，擊垮競爭對手。

七一、運用謀略，談判有成

在日常生活中，我們必須就某些事情進行談判。與老闆討論自己的薪資問題；房客與房東談論租房事宜；一些公司商量成立合資企業……所有這些都涉及「談判」。談判桌上的高手，往往精於使用謀略，使談判達成有利於自己的某種協議。

日本一家公司與美國某公司進行技術合作談判，談判開始，美方首席代表便拿出各種技術數據、談判項目、開銷費用等一大堆東西，滔滔不絕的發表意見，完全不顧日本公司代表的反應，而日本公司的代表則一言不發，仔細聽並埋頭記錄。當美方單獨講了幾個小時之後，徵詢日方代表的意見時，日方代表裝作迷惘的樣子，反覆說「我們沒準備好」、「我們事先未準備技術數據」之類的話。第一輪談判就這樣不明不白的結束。

幾個月後，日本公司以前次談判團不稱職爲由，撤換了談判代表，另派代表團到美國參加第二輪談判。這些代表不知前次談判的結果，一切和前次談判一樣，日本人顯得在這個項目中準備不足，技術基礎薄弱，信心不足，最後以還得研究爲名結束了第二輪談判。

接著，日本公司又如法泡製了一次談判，這使美國公司老闆大爲惱火，認爲日本人在這個項目上沒有誠意，輕視該公司的技術力量，最後下了通牒：如果半年後日本公司仍然如此，兩國公司的合作將被迫取消。隨後美方解散談判代表團，封閉所有的技術資料，等待半年後的最後一次談判。

哪料想到，幾天以後日本就派出由前幾批談判代表團的首要人物組成的龐大談判團飛抵美國。美方在驚愕之餘倉促上陣，匆忙將原來的談判團成員召集起來。這次談判日本人一反常態，他們帶來了大量可靠的數據，對技術、人員、物品等一切有關事項都作了相當精細的策劃，並將協議書的擬稿交給了美方公司的代表簽字。這次換美國人迷惘了，最後勉強簽了字。當然，協議書所規定的某些條款明顯有利於日方。事後美方代表氣得大罵，說這是日本自「珍珠港事件」之後的又一次勝利。

七二、尋求援助，絕境逢生

當我們還是孩童時，就被告知：不要靠大人，要靠自己。新管理學要奉告企業家的是「該靠就靠」，活人不能讓尿憋死。下面這個故事可算一精彩的關於「靠」的舉措。

二十世紀六〇年代，香港的股票市場曾發生過一場巨大的股票買賣風潮，這一風潮險些把資金雄厚的匯豐銀行置於死地，爲此，他們不得已採取緊急高招。

六〇年代的鐘聲剛剛敲響，美國幾家大公司便開始實施一項驚人的計劃：壟斷香港金融界，爭取香港，控制東南亞。計劃一出，美國金融大亨們紛紛來到香港。

香港匯豐銀行是美國人的「眼中釘」。這個金融集團，在香港有著雄厚的根基和社會基礎，實際上有著香港中央銀行的作用，要打垮它，談何容易！

美國金融界人士進攻匯豐的策略在香港之行前夕就已成文。他們首先利用香港當時的股市傳播資訊系統不便的條件，大量收購匯豐銀行股票。霎時，匯豐銀行股票大漲，成為人們行運發財的象徵。緊接著，美國人在一兩天內把持有的匯豐銀行的股票大量向市場拋售，並故意造謠中傷，大殺匯豐銀行。剎那間，匯豐銀行股票價格一落千丈，形勢對匯豐銀行十分不利。很明顯如果香港匯豐銀行不能及時處理這起股票事件，那麼，自己只有破產。誰知形勢比預料的還要糟糕，就在匯豐銀行準備大量買進股票時，分布在全港的各分支機構也頻頻告急：許多不明眞相的存戶紛紛提款，如果繼續營業，就會徹底破產。

一份份寫有「絕對機密」的文件傳到匯豐銀行的總部，總部決策人士陷入了有史以來的最大困境中。

面對美國金融界的挑戰，匯豐銀行開始進行反擊。他們開始安定民心，穩住大局。然後，馬不停蹄的四處貸款，先找舊合作伙伴，不行再找新的，再不行，最後找到香港黑社會組織，請他們助一臂之力，但一切一切都未奏效，借款工作人員四處碰壁，誰也不肯把錢借給即將破產的倒楣鬼。「怎麼辦？」匯豐銀行總部陷入沈思。

眞是水火無情啊！俗話說，遠水救不了近火，遠親不如近鄰。在這生死存亡的嚴峻考驗中，匯豐銀行急中生智，找到了一劑起死回生的靈丹妙藥，那就是向香港背後的中國求援。

對於美國金融界的野心，中國駐港金融機構早已覺察，在這極爲關鍵的時刻，中國決定支援匯豐，保證香港經濟的穩定。中國駐港人員把香港的情況緊急告知北京，作爲中國金融的權威機關——中國人民銀行立即作出決定：支援匯豐銀行一定數目的貸款，並迅速指示駐港人員火速辦理入帳業務，一切都以最高效率進行。與此同時，香港新聞界報導著「中國人民銀行與香港匯豐銀行聯手並進」、「匯豐銀行信心的一票來自大陸」等等大小標題的文章，無論何時何地，到處都塑造著中國人民銀行與匯豐緊密相依的熱切與溫暖。

在中國政府的大力支持下，香港金融市場發生了大變化，股民們知道，匯豐銀行有中國銀行撐腰就意味著：中國大陸將資本押在匯豐銀行上，匯豐銀行的資金信用有保證了。緊接著，匯豐銀行的老存戶也看到這場金融大戰的前景。一時間，匯豐股票價格直線上升，儲蓄額獨領風騷，形勢轉向對匯豐銀行有利的這一方向來。最後，美國金融界大敗收兵，本想進入香港吞掉匯豐銀行的領域，沒料到雞飛蛋打，聰明反被聰明誤。

這是一場漂亮的金融大戰，一挫美國人的銳氣，有意思。

七三、克制禮讓，成就交易

經濟競爭不可避免地充滿著優勝劣汰的對抗，在這種對抗中，也應該學會克制禮讓、以柔克剛。日本在這方面就爲我們樹立了榜樣。

日本經濟的崛起，日美貿易順差的增長，使美國貿易保護主義重新抬頭，對日本的遏制尤甚。一九八〇年，日本汽車產量首次突破千萬輛大關，超過「汽車王國」美國的汽車產量，躍居世界第一位。對此，美方要求日本汽車自動限產，日方欣然承諾，付諸行動，但同時趁機把生產設備搬遷到肯塔基州、加州，使日本汽車在美國「出生」，像美國車那樣進入美國市場。

近幾年來，美國政府以種種手段提高日本企業的生產成本，日本廠商克制禮讓，但又將投資悄悄轉向美墨邊境，既利用墨西哥的廉價勞動力，又鑽了美國法令的漏洞——該地產品返銷美國的徵稅頗爲優惠。當美方爲「日本在敲美國市場的後門」而惱火時，日資又流向美國工廠少的中部和邊境地區。一九八〇年美日貿易逆差一百二十二億美元，到一九八六年則上升爲五百八十六億美元。縱觀愈演愈烈的日美貿易摩擦，日方表面上逆來順受，實際上是步步緊逼。

七四、經銷轉彎，避凶趨吉

當今世界摩托車銷售中，每四輛就有一輛是「本田」產品，從這個數字裡可以看出「本田」銷售網之大。但如此龐大的銷售網卻是從日本的自行車零售商店開始起步的。

一九四五年，第二次世界大戰結束。本田宗一郎拿到了五百個日本軍隊野外電台的小引擎。他把這些小巧的引擎安到自行車上。這種改裝的自行車非常暢銷，五百輛很快就售完了。本田從這件事上看到了摩托車的潛在市場，成立了「本田技研工業株式會社」，決定開創摩托車事業。

一批批可以裝在自行車上的「克伯」牌引擎生產出來了，光靠當地的市場是容納不了的。本田宗一郎面臨著如何將產品推銷出去的問題。

本田找到了新的合夥人，他叫藤澤武夫，過去是一位對銷售業務自有一套的小承包商。當本田與藤澤商量如何建立全國性的銷售網時，藤澤建議說：「全日本現在約有兩百家摩托車經銷商店，他們都是我們這樣的小製造商拚命巴結的對象，如果我們要涉入其中，就會損失大部分的利益。」

「但同時，你不要忘記，全國還有五萬五千家自行車零售商店。」藤澤接著說，「如果他們為我們經銷『克伯』，對他們來說，既擴大了業務範圍，增加了獲利範圍，同時又有刺激自行車的銷售。加上我們適當讓利，這塊肥肉他們不會不吃嗎？」

本田一聽，覺得是條妙計，請藤澤立即去辦。

於是一封封信函雪片般地飛向遍佈全日本的自行車零售商店。信中除了詳細介紹

「克伯」引擎的性能和功效外，還告訴零售商每只引擎零售價二十五英鎊，每只引擎回七英鎊給他們。

兩星期後，一千三百家商店做出了積極的反應，藤澤就這樣巧妙地爲「本田技研」建立了獨特的銷售網。本田產品從此開始進軍全日本。

摩托車經銷商離本田雖然「近」，對銷售摩托車業務熟，並有廣泛的業務網絡，但是近而不「親」。自行車零售商距本田雖然「遠」，對本田產品銷售業務不夠熟，大多是自行車客戶，但是遠而有「意」。

★戒愼恐懼

七五、正視問題，防微杜漸

美國幾次大的危機，事前都有人提出警告，可惜，有些企業的領導人都麻木不仁，不僅缺乏一雙「見微知著」的慧眼，而且置這些警告於不顧，結果釀成巨大的損失。

如美國賓州三哩島核電廠輻射線外洩發生前的十三個月，一位高級工程師給電廠領導人寫了一個警告備忘錄，指出：核電廠的操作人員曾誤觸開關，關閉了緊急冷卻系統，險些造成大的事故。這位高級工程師建議：應把安全操作規程發給每個操作人員，要他們充分熟悉操作流程，嚴格操作，杜絕事故發生。

可是，這份寶貴的警告備忘錄卻被核電廠的高層領導壓了下來，他們認爲：「天下本無事，庸人自擾之。」要操作人員熟悉操作規程嚴格操作是不言而喻的事，而再把安全操作規程發給大家是自找麻煩，純屬多此一舉。事件發生後，這份警告備忘錄才被從檔案中找了出來，已爲時太晚。

三哩島核電廠輻射線外洩的原因正是值班人員操作失誤。當時，機器設備出現了小的故障，如果操作人員及時關閉備用閥門，阻止冷卻用水外流，這只是一次微不足道的小事故。可是，操作人員不熟悉操作規程，沒有關閉備用閥門，以致排放出三萬二千加侖的冷卻水，造成輻射線外洩，污染了大片土地，核電廠主機大修，徹底清理需要十年，耗資高達十億美元。

事後，對操作人員進行安全操作規程的考試，竟然有三分之一的人不及格。進一步查清，才知道這些人是靠拉關係、開後門或考試舞弊取得操作資格證書的。高級工程師的建議：操作人員應重新學習安全操作規程。這眞是對症的良藥，可惜該廠的領導對這些金玉良言充耳不聞，才釀成損失如此慘重的事故。

七六、借鑒對手，重佔市場

現代照相技術的誕生地柯達公司，是世界上最大的攝影器材廠商。柯達公司壟斷著美國市場的百分之八十，其他國家市場的百分之五十。但自六〇年代以來，西方其他國家攝影器材公司的競爭，使柯達公司面臨嚴重威脅。在攝影器材中，彩色軟片的利潤率最高，因此各攝影器材公司在這方面競爭最激烈。

在彩色軟片市場上，日本富士公司對柯達公司的威脅最大。「富士」軟片以價格便宜、質量好的優勢，有力地衝擊著柯達公司在世界市場上的老大地位。

一九八四年，富士公司不惜巨額美元爭取到洛杉磯奧運會組織委員會確認的指定產品標誌，並獲得在奧運會新聞中心設立服務中心的權利。奧運會期間，富士公司繪有奧運會的五環標誌和富士公司標誌的綠色飛船一直飄揚在奧運會賽場上空。柯達公司在自己的家門口著實被羞辱了一次，富士公司的軟片由此搶到美國市場百分之十五的佔有率。

市場競爭的挫折，使柯達公司不得不重新調整競爭戰術。柯達公司緊緊盯住富士公司，密切注視著它的行蹤。富士公司的每種產品，都被柯達公司收集，送到實驗室進行分析研究，以發現其中的奧秘。

柯達公司的一些員工不滿地稱它爲「老二」戰術：富士怎樣做，柯達公司就怎樣做。這對稱霸市場很久的柯達公司來講，豈不太具諷刺意味？

可這一招卻使柯達公司受益不小。如富士公司的軟片沖出來的照片比柯達的產品鮮艷得多，受到普通顧客的歡迎。一九八六年，柯達公司學富士公司的做法，也推出新型柯達軟片，顏色比老產品鮮艷了許多。

柯達公司不但在產品上積極學習富士公司，而且在經營管理上也學習富士公司的作法，在公司上下積極推行日本式全面質量管理方法，也取得了很好的效果。例如，在相紙上光部分，只要出現人的頭髮十分之一寬的線條，整個大卷的相紙就得作廢。另外，軟片部門在一九八五年以前產品合格率只有百分之六十八，而開展學習富士公司活動以後，一九八六年的產品合格率達到了百分之七十四，一九八七年又提高到百分之九十。

在產品銷售活動中，柯達公司也學習富士公司的作法。一九八六年八月，柯達公司把日本唯一的一條大型飛船租了下來，塗有巨大柯達公司標誌的飛船日夜飄浮在東京上空。在一九八八年漢城奧運會上，柯達公司以五千萬美元的價格買下了漢城奧運會標誌的使用權。至此，柯達公司總算報了一箭之仇。

柯達公司的競爭戰術，使富士公司感到巨大壓力。富士公司在美國的子公司副總裁查普曼說：「我希望柯達公司還像以前一樣，不把我們放在眼裡。現在這種討好方式，眞叫人受不了。」

七七、改變思維，販售歡樂

一九八一年三月，年僅四十八歲的羅伯特．古茲維塔擔任了美國飲料王國可口可樂公司董事會主席。羅伯特．古茲維塔以超常的頭腦，提出了一系列超常經營方略。最能說明他超常規思維方式的是，購買好萊塢三大電影公司之一的哥倫比亞電影公司。這一舉動使許多人感到迷惑不解，飲料公司爲何插手風險大的電影公司。而古茲維塔則把飲料和電影視爲同類商品，他說：「賣電影和賣可樂一樣，都是計算成本，開發市場的行業。」至於可口可樂爲什麼要購買電影公司，可口可樂董事長會前主席，參與購買電影公司決策的伍德魯夫一語道破天機：「一定要使每一個觀眾，在看哥倫比亞影片的時候喝可口可樂汽水。」這種超常規的思維，不能不使人敬佩。

古茲維塔運用超常思維方式，在公司的內部管理上，採取了一系列革新和整頓的措施。他迅速建立起一種加強責任和獎勵的新制度。這方面一個最大的變化是，總公司必要時要干預經銷公司的活動。這與傳統的，幾十年延續下來的不干預經銷公司業務的政策是相背離的。在古茲維塔上任後不久，可口可樂總公司雖然對獨立的經銷公司仍保持原有的約定，但對於不積極發展業務的經銷商則解約另起爐灶。當在菲律賓的可口可樂飲料的銷售量由佔市場佔有率的百分之四十六降到百分之三十三時，為了保持可口可樂飲料銷售量在菲律賓市場上的老大地位，可口可樂公司就在菲律賓與一家當地公司合作組成一家可口可樂分裝公司，分裝公司的管理權掌握在可口可樂公司手裡。新公司成立六個月後，整個銷售額不斷上升。

在羅伯特·古茲維塔超常規的思維方式的領導下，可口可樂公司的事業蒸蒸日上，生機勃勃。現在的可口可樂公司又拿無限的創新走向一個又一個有利可圖的行業，儘管這些行業與飲料一點都不沾邊。

七八、危機意識，奮力不懈

全國勞動模範、合肥美菱集團總經理張巨聲的成功之道是保持清醒頭腦，充滿危機意識。

有段時間，他屢做一個內容相同的惡夢，夢見美菱冰箱廠的倉庫裡、走道、大街上、廣場上，都積壓著冰箱，日曬雨淋，無人問津。

他說，所有的美菱人都能經常做這樣的惡夢，人人都有危機感，企業就興旺發達了。

張巨聲建立了一個危機意識管理體系，制定了一系列科學的危機預防及創造性的應變措施。如進入二十世紀九〇年代，全國冰箱業陷入危機，有三分之二的生產能力閒置，產品大量積壓。面對如此嚴峻的局面，美菱人何以自處，張巨聲認爲，走出危機的最佳途徑是創新，要想人所不敢想，爲人所不能爲，毅然推出新一代大冷凍室冰箱——一八一型。一九九四年，美菱的銷量由原來的第二十七位躍居全國銷量第一。

「中國經濟效益縱深行」調查：義大利梅格尼公司在中國建立九家規模相同、產品一樣、設備一樣的兄弟廠家，美菱、阿里斯頓在「阿里斯頓」家族「一娘九子」中，名列第一，利稅最高，資金周轉天數最短（三十三天）。

七九、居安思危，兢兢業業

北京中燕實業集團公司目前擁有固定資產四千多萬元人民幣，年產值近二億元人民幣，利潤二千萬元人民幣，生產的探牌羽絨系列製品百分之九十五銷往國外。可是在八年前，它還是一家只有幾十個人的小工作室。總經理肖太說：他們的成功經驗是兩隻眼盯緊發展道路上的危機點。

一九八七年，這家出世不久的鄉辦企業達成產值七百五十萬元人民幣，獲利八十萬元人民幣，成績不錯。但他們發現公司面臨著嚴重危機：國內市場競爭對手如林，光靠內銷這一條腿走路，保險係數太低。一九八八年初，他們調整經營戰略，確定內外銷並舉方針，同年十月，該廠與中國土產畜產進出口公司和日本三利株式會社合資，組建北京某有限公司。

合資後的某公司很快打開外銷局面，繞開了國內市場的激烈競爭，一九九〇年產值達到四千二百萬元人民幣，獲利六百二十九萬元人民幣，分別是一九八八年的二點九倍和三點五七倍。在這種大好形勢下，該公司的決策者又敏銳地發現了新的危機：該公司產品外銷市場發生的變化，會使後果不堪設想。爲此該公司決定，全力開拓東歐和前蘇聯市場，把企業辦到國外。一九九二年，該公司先後在俄羅斯、匈牙利、烏克蘭等國辦起四家合資、獨資公司，建立起通向國外的直銷管道。這一年，公司產值突破一億元人民幣，獲利一千零二十九萬元人民幣，創匯一千四百多萬美元人民幣，固定資產增加到一千四百一十三萬元人民幣。

在輝煌成績面前，該公司看到的還是危機。他們意識到：要在國際市場上與世界級公司競爭，光靠單槍匹馬不行，必須營造大的聲勢。一九九三年八月，經北京市體改委批准，該公司與另外一些實力較強的經濟實體共同組建了北京某實業集團公司，其產品暢銷國內和世界上三十多個國家和地區。

八〇、營業機密，防諜鬥法

矽谷位於美國加州北部，介於帕羅阿圖和聖克拉拉之間。第二次世界大戰以後興起的電腦革命，為矽谷帶來了勃勃生機。

從此，這裡不僅成了聞名於世的「電子革命中心」、「半導體工業王國」和「美國工業化未來的幻想和縮影」，而且也被許多國家的工業間諜當成施展拳腳的最佳場所。可以說，在這裡每時每刻都在進行著你爭我奪的間諜大戰。

為了防止各種間諜從矽谷獵取高新技術，美國各反間諜機構近年來紛紛向矽谷派駐精兵強將，建立反間諜機構。

據美國司法部官員透露，早在一九八二年，美國政府就在矽谷建立了一個防止技術外流的特別小組，這個小組由中央情報局和聯邦調查局的一流偵探組成。美國國防部調查局也向矽谷派出了大批特務，該局每年還向矽谷的廠商散發數十萬份保密規定。美國海關人員則經常喬裝改扮成商人，與矽谷的高精尖技術公司以做生意為幌子，暗訪偷運技術的情況。與此同時，美國反間諜機構還加強了矽谷外圍各口岸的防線，許多特務在舊金山港灣、洛杉磯機場和長灘一帶日夜奔波。

有一次，他們根據一封匿名信，得悉「固保發展公司」的老闆，德國人布魯克豪森是專門從矽谷竊取高新技術的老手。於是，反間諜人員便開始調查跟蹤。當該公司把裝有高壓氧化系統的貨箱從矽谷發往洛杉磯後，海關人員悄悄地打開了貨箱，發現裡面裝的不是「鍋爐」，而是高級技術設備。

爲了順藤摸瓜又不致暴露，反間諜人員把高壓氧化系統取了出來，用沙子裝滿貨箱，然後把箱子原模原樣地封起來。隨著這批貨物的多次轉手，美國反間諜機構終於基本摸清了布魯克豪森工業間諜網的情況。

於是，他們立即查封了布魯克豪森等人在加州的所有辦公室。隨後又會同德國有關機構，搜查了布魯克豪森在波昂、杜塞爾多夫和慕尼黑等地的公司。反間戰取得了成功。

八一、巧施反間，不戰屈兵

在紐澤西開末頓鎮一帶，有著戰爭時期建造船廠工人居住的一千八百九十八棟房子。約瑟夫接受政府的委託，決定去斐爾法拍賣這些房子。

但是，到拍賣時，眞正在戰時搬來居住的工人只剩下三家，其餘的卻早已不是原主了。雖然如此，這些「屋主」卻仍以各種理由，大聲叫嚣，竭力反對。他們仗著人多勢眾，決定不惜流血，堅持不搬遷。這個忽然而來的局勢讓約瑟夫感到震驚，面對這種情勢，地產大王約瑟夫感到很爲難，如果他在著手拍賣時處置失當，勢必遭到人們圍攻。

雖然約瑟夫有充分理由證明這些「屋主」都已不是戰時原有的故主，但這位地產大王深深地懂得：指責別人的錯處，除了會使對方憤怒之外，是不可能產生任何良好效果的。當然，他也可以來一次演說，用最溫和的言語消除他們的怒氣。但是，他的辦法顯然比這更高明。約瑟夫到底用什麼辦法呢？

「約瑟夫畢竟是約瑟夫」，他先用高價買通了當地一位經紀人，讓這位經紀人找到屋主中一位願意出錢買房子的人，並了解到其希望的價位。然後再設法通知他，拍賣的時間將提前一小時，讓他早點去拍賣現場。

果然，約瑟夫提前一小時進行拍賣。因爲他知道那些屋主一定會在預先宣佈的拍賣時間，來發洩他們的情緒。提早拍賣將使他們完全猝不及防，那麼憤怒的鋒芒將會大大削弱。

拍賣時，約瑟夫有意選定這家、屋主做第一樁交易，使其如願以償。致使「屋主」們原本緊密的聯盟出現鬆動，更爲重要的是，使他們從中看到與約瑟夫合作的實惠。約瑟夫在大家情緒有所緩和時，宣佈拍賣的系列優惠政策，使得這項工作順利地予以完成。

「不戰而屈人之兵，善之善者也！」怎樣最好地實現自己的目的。約瑟夫聰明的做法告訴我們答案。

中國古代兵家們很講究計謀的運用。計謀是智慧的結晶，用得好，可以以少勝多、以弱勝強。反間法是適合於面對眾多強手的攻擊通過一定的方法讓他們自行潰散，分散他們的力量，以達到各個擊破的目的。反間法對自己的競爭來說無疑會有巨大的幫助。

八二、敢於說不，無畏惡人

我們都知道福特公司推出了世界上第一輛大批量生產的汽車。

福特公司在推出了T型車之後，產量和銷量日趨增長，就在這時卻發生了一件麻煩事。因爲那時，紐約有一個叫喬治・席頓的律師，此人能說善道，是個牙尖嘴利的棘手人物。他從來沒有製造過汽車，甚至於連汽車零件都沒有摸過，可是，他在一八七〇年卻申請獲取了一種「安全、便宜而結構簡單的汽車」專利。他註明的內燃機引擎用的燃料是汽油。因爲這項專利包括的內容太籠統了，所以幾乎凡是想製造汽車的人，都可能侵害到他的專利權。因此，當時有好幾家公司每年都要按收入比例支付席頓一筆專利使用費，大家明知這是不公平的，但畏於他是個名律師，恐怕鬥不過他，所以沒有人輕捋虎鬚，只好吃這種啞巴虧。

當福特的T型汽車暢銷時，席頓有一天找上福特。他一面熱烈地握著福特的手，一面連聲道賀：「T型車這一上市，真可說使所有的車黯然失色，恭喜你，福特先生！」

「謝謝你，」福特早就聽說過這個人，也知道他來的目的，所以表情很冷淡，「我只不過替一般人設計了一部車子而已，算不了什麼。」

像席頓這種人最會察言觀色，他一看福特的表情，知道用軟的是不會有什麼結果的，於是馬上臉色一變，說：「我今天到貴公司來拜訪，有一件很重要的事情想請教。」

「什麼事？」

「我先請你看一件東西，」席頓打開他的皮包，取出他的汽車專利權證書，遞給福特說，「這是我在一八七〇年註冊的專利，請你仔細看一看。」

福特接過來，不經意地翻看一下，還給他說：「我想不出這個證件與我有什麼關係。」

「噢，關係可大啦！」席頓誇張地說，「你新上市的T型車有不少地方是跟我的專利雷同的。」

「閣下的意思是，我的T型車抄襲了你的專利品？」福特很不客氣地問。

「我想是的，這也正是我今天來拜訪你的原因。」

「請你聽明白，席頓先生，我製造汽車不是一年兩年了，從來沒有抄襲過別人的東西。事實上，別人的東西我也看不上眼。」

「這是講究事實的，只憑強辯沒有用。」席頓鄭重其事地說，「如果我告到法院，對你的損害將是很大的。」

「你想威脅我嗎？」

「這不是威脅，是事實。」席頓語氣一緩，壓低聲音，改用談私心話的神情說，「當然，我並不希望把這件事鬧到法院，我只希望你了解這件事的嚴重後果。」

「閣下的意思，是不是想要我付給你一筆使用費？」

「我想，這該是解決這個問題的最理想的方式。」席頓很委婉地說，「有很多人都是這樣跟我解決的。」

「我不管別人怎樣做，」福特憤然地說，「我決不做這種冤大頭！」

「咦？」席頓一驚，帶點不相信的語氣說，「你的意思是寧願鬧到法庭解決？」

「是的，」福特回答得斬釘截鐵，沒有絲毫商量的餘地，「我認爲這是最公平的解決辦法。」

席頓悻悻地拎起皮包，臨走又丟下一句話：「如果你後悔你的決定，三天之內還可以找我商量。」

席頓走後，福特的秘書走過來焦急地說：「這個傢伙是有名的難纏人物，再加上精通法律，實在不好惹。如果損失一點錢能夠和解，還是和解的好。」

「不，」福特說，「這不光是錢的問題，如果我給他專利費，無異證明我的T型車是仿冒他的東西。事實上，這是我和威爾斯、蘇倫生三人心血的結晶，不能讓他坐享其成。」

「可是，他一定會想盡各種辦法打擊你，」秘書擔心地說，「我怕你鬥不過他。」

「有公平的法律替我作後盾，我相信我不會輸給他的。」福特很有信心地說，「我早就研究過，他得到的專利內容是不公平的。」

由於福特堅決不肯付給席頓使用費，結果眞的鬧到了法庭。正如那位秘書所預料的，席頓是個很厲害的人物，他想一下子把福特打倒，使他永遠爬不起來。還唆使其他汽車製造商一起控告福特侵害他們的權益。

說起來，這些小廠商也是很可憐的，他們自己沒有設計研究的能力，只好東拼西湊地裝配汽車，其中有些零件與席頓的專利雷同，在他的威脅下，只好支付使用費給他。現在席頓又唆使他們，說福特侵害了他們的權益。這些人一想也對，他們付錢給席頓買下了使用權，怎麼能讓福特白白地製造？

除了在法院控告福特之外，席頓還施展一招殺手鐧——鼓動與福特競爭的同業放出謠言。這些謠言說：「福特已經被人告到法院在打專利官司，他的汽車是否合法還不知道，一旦法院判決福特的汽車是違法的，購買者將受到意外損失或招致麻煩。」

福特聽到這個謠言大爲惱火，當即決定把一筆建廠用的資金送到法院作抵押，並公開聲明：凡購買福特公司汽車的人，如將來受到什麼損失，就以這筆資金照數賠償。

席頓的手段很歹毒，福特的對付辦法也夠高明。尤其他這種斷然停止建廠，把資金挪用到官司上的作法，充分顯示了他不顧一切要與席頓周旋到底的決心。這一氣勢，使席頓也有點氣餒了。

因此，在一九一一年最後一次辯論終結時，法庭宣判福持獲勝，他的T型車並沒有侵害到席頓的專利權。

「我的勝利是意料之中的事，」福持當時發表他的感想說，「因爲席頓的專利在本質上有很多問題，如果不限制他作任意的解釋，任何人製造的汽車都可能觸犯他的專利權。」

第六篇　形象塑造

八三、國外加持抬身價

一九六二年，京都窯業公司的稻盛和夫隻身前往美國。不過，此行的目的，並不是要開拓美國市場，而是爲了打進日本本土。

在前進美國的三年前，稻盛和松風工業公司的一名職員共同創建京都窯業公司。他們拚命工作，努力奔走推銷公司的產品，積極說服各廠商試用。但是，當時美製品佔有大半的日本市場，大的電器公司只信任美國的製品，根本不採用日本廠商自己生產的東西。稻盛心想，既然日本市場猶如銅牆鐵壁般難以打入，不如以奇招制勝。這一招就是使美國的電機工廠使用京都公司的產品，然後再輸入到日本，以引起日本廠商的注意，屆時再來日本市場就容易多了。

美國廠商不同於日本，他們不拘泥於傳統，不管賣方是誰，只要產品精良，經得起他們的測試，就願意採用，這給稻盛帶來了一線希望。儘管如此，想在美國推銷產品仍不是件容易的事，稻盛在美國將近一個月的時間裡，推銷行動全部都吃了閉門羹。稻盛遭受到這樣的失敗返國後，一度生氣地下決心再也不去美國，但除了這個招術，實在沒有別的辦法，他只好放下自尊鼓起勇氣，二度進入美國。

皇天不負苦心人。稻盛從西海岸到東海岸，一家一家地拜訪，終於在拜訪數十家電機、電子製造廠商以後，碰到德州的中緬公司。該公司爲了生產阿波羅火箭的電阻器，正在找尋耐度高的材料，經過非常嚴格的測試後，京都公司的產品終於擊敗了全世界許多著名大廠的製品而獲得採用。

這是一個轉折點，京都公司的製品獲得中緬公司的好評而採用後，許多美國的大廠商也陸續與他們接觸，終於使稻盛如願以償，將產品輸出到美國，使它成爲美國產品後再運回日本。京都公司就這樣在美國打響了。

八四、品牌名稱學問大

曾是台灣富豪、擁有世界網球拍大王頭銜的羅光男出生於台中縣，當時他在台灣被稱爲「憑一支球拍打出天下的青年創業者」，他的「肯尼士」網球拍爲世界名牌之冠，於是台灣有了網球拍王國的形象。

羅光男成功的理念：沒有自己的牌子，只能一輩子爲人作嫁衣。就像大陸一些有志人士的話一樣：「要下海就當老闆，絕不去打工。」

羅光男創業之初，三人合夥辦了一家製造羽毛球拍的加工廠，業務雖有較大發展，但正如俗話說：「合夥的生意難做，賺了錢意見更多。」三人只好分手，羅光男打出自己獨資的旗號。這時候，羅氏雖然獲得了企業的經營權，卻還沒有自創的名牌，即使在公司已能製作出世界第一流的高品質高性能球拍的情況下，也只能接受國外名牌廠家委託加工，主動權掌握在別人手中，只能賺取微薄的加工費。

一九七七年，羅光男推出自創的「光男」牌網球拍，向國際市場進軍。它用島外引進的太空材料「碳素纖維」做成，重量較木球拍、鋁合金球拍輕，堅韌無比，結構牢固，打球穩定性強，控制靈活，不因氣候而變質，被世人稱譽爲「超級球拍」。羅氏後來在進行廣告宣傳中，將「光男」換了個頗有西洋味的「肯尼士」名字，以「K」字爲商標，從而一躍成爲世界網球拍推銷冠軍，即使台灣並無一個世界網球冠軍。

我們應該從羅光男的成功中悟出點道理：改名帶洋氣，成功致富賺大錢。

八五、英國皇家可以借

新力公司董事長盛田昭夫利用一次天賜良機，借用英國皇家，使自己的產品打入了英國市場。

一九七〇年，英國威爾士親王到日本參加國際博覽會，英國大使館委託新力公司在親王的套間裡安置一台電視機，新力公司以其高質量的服務使親王大爲滿意。

在使館舉辦的招待會上，盛田昭夫經人介紹認識了親王。親王對新力公司提供的方便深表感謝，並流露出若盛田昭夫決定在英國開辦工廠，不要忘記設在親王的領地上。

不久，盛田昭夫果然去了英國。經過調查了解，他決定把企業擴展到那裡。在公司的開工盛典上，盛田昭夫請威爾士親王大駕光臨。為了感謝親王的光顧，他讓人在廠門口樹起了一塊紀念匾，以示永遠銘記。

二十世紀八〇年代伊始，這家工廠決定擴大生產，盛田昭夫再次邀請威爾士親王前來助興。親王因日程安排已滿，派王妃前往。王妃此時正有孕在身，盛田昭夫更是鞍前馬後照顧周到，讓王妃巡視工廠時戴上了工作帽，帽子上卻用大字寫上「新力」二字。

隨著攝影師們的拍照聲，英國各界和世界各地都知道了王妃參觀了新力在英國的分廠。

從此以後，世界各地到此一遊者，都可以透過「紀念匾」和「照片」了解新力公司的歷史，活生生的再現其主人與英皇室的友誼，如此一來，不就把財富帶給了新力嗎？

就這樣，新力公司借英國皇家成功的殺入了英國市場。

八六、防僞廣告保暢銷

廣告不僅有擴大產品影響，增加產品銷售的作用，還具有防僞造，保證正宗產品暢銷的功能。

台灣武田藥廠生產的「合利他命F」因爲銷路好，曾經遇上嚴重的仿冒品衝擊，他們就是採用廣告手段來解決問題的。他們設立一個「雙邊消費獎」，即讓顧客買了藥後，把外包裝盒交給商店加蓋有商店名稱地址的章，然後將盒子寄回廠裡，由廠裡再給顧客和商店寄獎劵，到時候抽獎。而廠家早就在產品的盒子內壁做過防僞標誌。

這樣一來，僞藥在哪一家售出就非常容易查出來了，廠家會即時通知顧客不要服用，然後會同治安機關追查藥店從何得來假貨。幾次追根溯源，仿冒品便徹底消滅了，而眞貨的銷售量，也因此贈獎促銷活動大大地增加。

★第一印象

八七、先聲後實贏先機

一九七九年初，中國大陸開始放寬對家用電器等耐用消費品進口的限制，允許旅客攜帶電視機入境，日商憑借敏銳的嗅覺，看到了中國市場的巨大潛力，馬上設立了中國線路的電視機生產線，同時，展開了廣告宣傳戰，他們除了在香港的電視台開展廣告宣傳外，還在報紙上大量刊登廣告。一時之間，日本電器廣告接連刊出，先聲壓人。此後，其他如英、美、德、荷等國家的廣告才相繼出現。

在此基礎上，日本代理商進一步把握廣告攻勢後的有利時機，向報紙展開公共關係的攻勢。一些報紙的特刊刊出「如何選擇電視機特稿」、「電與聲」，這些報導之中，都有日本代理商提供的有關購電視機的知識資料。

透過這些辦法，日本電視機撞開了中國的大門，確實在中國消費者心目中樹立了名牌的形象，從而一舉擊敗了歐洲的對手。

日本人在這裡採取的就是「先聲而後實」、「樹上開花」的策略，日商這種「借局佈勢」的謀略思想，值得我們借鑒。

八八、微笑服務得人心

方，乃做人的正氣；圓，即技巧。一個成功的領導者必應具備「外圓內方」的雙重特質，本文將告訴我們很多。

柯納德．希爾頓（一八八七年至一九七九年）是曾掌握美國經濟的十大財閥之一。他於一八八七年出生在美國新墨西哥州一個名叫安東尼奧的小鎮上，他那篤信宗教善良的母親和為人誠實勤懇的父親，對他的成長和日後的成功影響很大。

希爾頓少年時代便邊讀書邊在父親的店裡工作，養成了勤勉和善於經營的本領。第一次世界大戰期間，希爾頓應徵入伍，赴歐作戰。一九一九年，希爾頓退伍返鄉，偕老友去德州闖世界，買下了「毛比來」旅館，從此開始經營旅館業。他以五千美元起家，艱苦奮鬥，歷盡磨難，在破產的邊緣毫不卻步，終於把旅館開遍美國及世界各地，成爲世界聞名的州大王和億萬富翁。他的成功，在一定程度上應歸功於他那獨特的用人之道及以此爲基礎所形成的管理風格。

在希爾頓七、八歲的一個早晨，太陽剛剛露面，父親就出現在房門口，把大約有兒子身高兩倍的草耙交給兒子，並用愉快的聲調說：「你可以到畜欄裡工作了。」小希爾頓開始上學以後，每逢暑假回到家裡，就到父親開的商店裡工作。父親一本正經地稱他爲助理店員，是學徒，並按月發薪。

十七歲這年，小希爾頓告訴父親，他不想再去學校讀書了。父親同意了，並說：「好吧，我想你已經夠格當一名正式職員了，月薪二十五塊錢，做吧！」於是，他跟著父親學著做生意，也學著做人。父親的忠誠、坦率和對人們善意的愛感染著他，使他日趨成熟。

在小希爾頓二十一歲那年，父親把聖・安東尼奧店面的經理之職交給了他，同時轉讓了部分股權給他。在此後的兩年裡，他學會處理各種各樣的業務，學習如何衡量信用，如何還價，如何與各行業有經驗的老顧客交易以及如何在緊要場合保持心平氣和。這些都是必要的訓練和寶貴的經驗，正是這些促成了他日後的成功。

然而，在這段時期中有一件事令小希爾頓非常煩惱，這就是父親經常干預他的經營。父親總是不能完全信任他，一方面是因爲父親總覺得他還太年輕，另一方面也許是因爲事業尚未穩固，經不起因兒子可能的失誤而帶來的重大打擊。

也許是因爲二十一歲那年親口品嚐了有職無權、處處受制約之苦，所以當日後有權任命他人時，總是愼重地選拔人才，但只要一下決定，就給予其主權，他只是在一旁看他的選擇是對是錯。這樣，被選中的人也有機會證明自己是對還是錯。

在希爾頓的旅館王國之中，許多高階主管都從基層逐步提拔上來的。由於他們都有豐富的經驗，所以經營管理非常出色。希爾頓對於提升的每一個人都十分信任，放手讓他們在各自的工作中發揮聰明才智，大膽地工作。

如果他們之中有人犯了錯誤，他常常單獨把他們叫到辦公室，先鼓勵安慰一番，告訴他們：「當年我在工作中犯過更大的錯誤，你這點錯誤算不得什麼，凡是工作，都難免會出錯的。」然後，他再幫他們客觀地分析錯誤的原因，並一同研究解決的辦法。

他之所以對下屬犯錯誤採取寬容的態度，是因爲他認爲，只要企業的高層領導，特別是總經理和董事會的決策是正確的，員工犯些小錯誤是不會影響大局的。如果一味地指責，反而會打擊一部分人的工作積極性，從根本上動搖企業的根基。希爾頓的處事原則，是使手下的全部管理人員都對他信賴、忠誠，對工作兢兢業業，認眞負責。正是由於希爾頓對下屬的信任、尊重和寬容，使得公司上下充滿了和諧的氣氛，創造了一種輕鬆愉快的工作環境，從而才使得希爾頓有可能獲得其經營管理中的兩大法寶——團隊精神和微笑服務。

希爾頓在「第一次世界大戰」期間赴歐作戰的經歷，使他深刻地認識到團隊精神對一個組織的重要性。當有人後來問他，爲什麼要在旅館經營中引進團隊精神時，他回答道：「我是在當兵的時候學到的，團隊精神就是榮譽感和使命感。單靠薪水是不能提高店員熱情的。」

不論是在創業階段與合夥人之間，還是在企業經營中與職工之間，希爾頓總是坦誠相待，發揚團隊精神，把所有的人擰成一股繩。事實證明，這種精神對於希爾頓的事業非常重要。不論是「達拉斯希爾頓大飯店」建造過程中的資金短缺，還是大蕭條時期的困境，希爾頓得以渡過難關，團隊精神發揮了重要的作用。這一切的基礎，是希爾頓坦誠、信任的用人之道。

當希爾頓的資產從幾千美元奇蹟般增值到幾千萬美元時，他曾欣喜而自豪地把這一成就告訴了母親。然而，母親卻淡然地說：「依我看，你跟從前根本沒有什麼兩樣……你必須把握更重要的東西：除了對顧客誠實之外，還要想辦法使來希爾頓旅館住過的人還想再來住，你要想出一種簡單、容易、不花本錢而行之久遠的辦法去吸引顧客，這樣你的旅館才有前途。」

爲了找到一種具備母親所說的「簡單、容易、不花本錢、行之久遠」四大條件的辦法，希爾頓逛商店、旅店，以自己作爲一個顧客的親身感受，終於得到了答案——微笑服務。只有它才實實在在地同時具備母親所提出的四大條件。同時，他一貫堅持的用人之道和經營風格，足以保證員工的笑容是眞實的、發自內心的。

希爾頓要求每個員工不論如何辛苦，都要對顧客投以微笑，即使在旅館業務受到經濟嚴重影響時，他也經常提醒職工記住：「萬萬不可把我們心裡的愁雲擺在臉上，無論旅館本身遭受的困難如何，希爾頓旅館服務員臉上的微笑永遠是屬於旅客的陽光。」因此，經濟危機中紛紛倒閉後倖存的百分之二十旅館中，只有希爾頓旅館服務員的臉上帶有微笑。結果，經濟蕭條剛過，希爾頓旅館就率先進入新的繁榮時期，跨入了黃金時代。

在企業的經營管理中，「人」是一個非常重要的因素，而善於選人用人，則是一個優秀的企業領導人的必備條件。事必躬親、鞠躬盡瘁的人肯定是一個好人，但決不會是一個優秀的領導者。現代的市場競爭異常激烈，企業的規模也在不斷擴大，靠個人的力量是難以做好的。因此，現代的領導人必須懂得選人、用人和適度的分權。家長制可能在小企業的經營中獲得成功，但要建立像希爾頓那樣的旅館王國，只能是永遠的夢。

八九、時尚造型引目光

企業要在競爭中求得生存、發展和擊敗對手，不僅要注意商內在的質量，同時還要講究商品外在形體的美化。

產品的外在形象不僅是產品核心的延伸和具體化，而且直接表現了產品的審美價值，給消費者帶來美的愉悅和滿足。

消費者認識產品，首先注意的是產品的外在形體。好的造型、款式、包裝等，往往給消費者留下美好的第一印象，使消費者賞心悅目，因而對產品倍加青睞。消費者產生購買的動機，在很多場合和很大程度上，是對產品的「第一印象」刺激起來的，也就是人們的「愛美之心」在發生作用。

當然，產品也不能單純追求包裝的華貴，搞成「金玉其外，敗絮其中」，也不能「爛稻草裹珍珠」自貶身價，應使包裝眞正起到刺激消費者購買慾望的作用，促使產品由生產領域順利進入流通領域。

九〇、整潔舒適好印象

北京某服裝廠曾有這樣一段經歷：

他們的產品質地優良、樣式新穎，備受商店和顧客的喜愛。一位美商慕名前來洽談訂貨。廠長領著他參觀完廠房，然後到廠長辦公室裡寒暄了幾句，前後不過兩三分鐘，人家就告辭了。

不久又請來了一位美商，其反應倒也直率：「太亂、太髒，我要是向這樣的工廠訂貨就太愚蠢了！」說罷，連辦公室都不進，就急忙鑽進小轎車裡，一溜煙揚長而去。

遭此奇恥大辱，廠長和工人們無地自容，眞比被別人打了嘴巴還難受。倒也不必怪外商刁難，工廠環境實在是不堪入目：棉花、布料遍地都是；一台台機器設備上佈滿厚厚的灰塵，活像童話中那髒得怕人的小豬；電線上纏繞著沾滿灰塵的破布條；成品也東一件西一件雜亂無章地堆放著……

無情的遭遇把他們逼上這樣一條道路：要創造第一流產品，首先就得創造第一流的廠貌和第一流的工作環境。從此，文明生產、潔淨生產成爲工廠的自覺行動，定期清理整頓環境秩序成爲雷打不動的規章制度，整個工廠彷彿脫胎換骨：廠區花柳成蔭，空氣清新；車間裡設備陳列井然有序，窗明几淨；工人們衣飾整齊，精神煥發。

這樣一來情況發生了戲劇性的變化。日本九家客戶到廠裡來參觀，當即向外貿部門的人提出要求：「把我們的產品調到這個廠裡來做吧！」一位加拿大客商來廠之前訂貨三千六百件，廠裡嫌定貨量太少，就請他到廠裡來參觀。這位客戶從廠房一出來，就當場加訂三千六百件。第二天，又退掉了在另一個廠的五千件訂貨，轉而由這家服裝廠來生產。

顯而易見，在這前後對照鮮明的經歷中，起決定作用的是工廠給予客商的「第一印象」。髒和亂的環境嚇跑了外商；有序、整潔、幽雅的環境又引來和征服了客人。在現實經濟生活中，因「第一印象」的好壞而影響生產經營的例子幾乎隨處可見。試想，如果商店的櫥窗和陳列櫃裡擺上不合格的次品，如果電視機廠辦公室裡的電視機不顯圖像，這將給職工和顧客帶來什麼樣的「第一印象」？還有比這更壞的拆台廣告嗎？所以精明的企業領導人總是善於從第一步著手，隨時隨地給人良好的「第一印象」。

愛美之心，人皆有之，北京某服裝廠的前後情形的變化就說明了這一點。

九一、廣告宣傳打頭陣

企業可以透過公關活動、贊助活動、組織競賽等，塑造企業的良好形象，提高企業的知名度，從而爲產品打開銷路，這也是「以迂爲直」在營銷上的運用。

上海棉紡三石廠從西德引進一台絨線機，生產各種花色的絨毛線。他們沒有在市場上首先推銷產品，而是在報紙、電視上登廣告，舉辦千人編織競賽，競賽者必須使用三石牌絨毛線，分別評一、二、三等獎。於是，三石廠門市部前排起長隊，人們競相購買，參賽者多達三千多人。這些編織高手不僅織出了常見衣物，還擴大到床罩、沙發套、茶巾等，使人們大開眼界，大飽眼福。幾家編織工廠從中選出好的款式批量生產，報上登出《千人巧結圈圈絨》的特寫，使三石廠聲名遠播，絨毛線暢銷不衰。

九二、運用公關造聲勢

在「東藥」如果談到公關工作，不能不談到足球。

這個廠以足球爲公關媒介，可謂出奇制勝。自「東藥」聯辦了遼寧足球隊，並將其更名爲「東藥隊」後，隨著東藥隊奪得各種「桂冠」後持續不斷的新聞報導，產生了一浪高過一浪的「轟動效應」，使「東藥」的名聲在國內、國際上大振。很多外商都是在先知道了「東藥隊」後，才了解「東藥」的。

一九九〇年四月二十九日，「東藥」隊首次榮獲「亞錦賽」冠軍後，很多客戶發來賀電。德國拜耳藥廠找到了「東藥」，想讓「東藥」足球隊與他們的足球隊（德國甲級隊）踢一場比賽，後來因故球沒有踢成，但卻在友好的氣氛中與「東藥」簽訂了一百五十六萬美元的訂貨合約。

一次成功的公關活動，需要謹慎的調研和設計。前不久在國內產生轟動的「卡孕栓效應」說明了這一點，「卡孕栓」是東藥廠生產的用於人工流產的國家一類新藥，國際上只有少數幾個國家能夠生產，爲了宣傳「卡孕栓」新藥，早在一九九〇年，「東藥」就開始了對「卡孕栓」的市場調查，先透過信函和重點走訪的形式，根據用藥範圍，向全國各大醫院、醫藥站、城市防疫站發出近一千封信件，又與中華醫學研究會商定「卡孕栓」宣傳規劃，在「全國第二期計畫生育新藥推廣學習班」上，「東藥」對「卡孕栓」做了專題討論。

有了充分的準備後，該廠一九九一年七月又出資與中華醫學會計畫生育學會聯合在瀋陽召開了「抗早孕」學術講座會。「東藥」向與會專家、學者介紹了「卡孕栓」工業化試驗的情況，並安排與會人員到「東藥」參觀「卡孕栓」生產線。與會專家們做出結論：「東藥」生產「卡孕栓」是有遠見卓識的。一九九一年九月九日，「卡孕栓」順利通過中國國家鑒定後，「東藥」又馬上於一周後在北京人民大會堂舉辦了「卡孕栓」生產新聞記者會。邀請了國內四十八家新聞單位的記者到會採訪，隨著中央電視台、《人民日報》、《光明日報》、《瀋陽日報》等新聞媒介發佈消息，「卡孕栓」由於靈活運用擒賊擒王之計，在全國產生了不小的轟動效應，一時間求購的電話和信函紛紛飛進「東藥」，「卡孕栓」的公關活動取得了初步成功。

★帶動風潮

九三、獨特形象掀話題

「面子」問題當然重要，改變形象對企業來說有可能改變一切。

從五〇年代到六〇年代，美國和瑞士的手錶廠商支配著全球的手錶市場。美國的寶路華鐘錶公司和瑞士的浪琴鐘錶公司為中級品市場的頂尖廠商，更低價位產品的市場則被美國的天美時和德州儀器所佔據。

一九六九年，日本的精工社所產銷的精工錶，開始逐鹿高利潤的手錶市場。在日語中意即「精密」的精工社，推出新的石英錶，滿懷席捲市場的自信，參與角逐。

精工社看出瑞士和美國的廠商，都具有一種傾向，那就是：在手錶和掛鐘的設計上，堅持錯誤方向，在這瞬息萬變的世界裡，他們仍然不注重整隻手錶的設計問題。

精工社認為手錶不只是用來看時間的工具，該公司集中於錶面，即手錶的「臉」，而不是整隻手錶的設計。手錶是一種體現出一個人的獨特品位的商品，因此應該以令人賞心悅目的設計式樣來吸引消費者。

精工社從飛機和跑車的儀表板形象中得到暗示，而採用「儀表板型」計畫。其基本觀念是，不論製成數位型、新的類比型及電子機型，凡是能使注意力集中於「特殊的功能」，都值得賞識。

以無限而多樣化的設計，精工社展開包圍美國和瑞士製手錶的市場，它那獨特的設計款式受到歡迎，而順利打進市場。

精工社對價位從六十五美元到三百五十美元不等的中級品，立刻投入多種不同的款式，開始進攻。精工社甚至為偏愛機械式手錶的人士，特意設計了數位顯示錶、計時器（CHRONOGRAPH）及超小型計算機等一切種類的款式，相繼登場。然而，最重要的是設計。這在雞尾酒會中也可成為話題，甚至以遙控操作的電子手錶也出現了。

新的中級品一上市，馬上以較低廉的價格、新穎獨特的設計、多種特殊功能吸引了一大批消費者，在低價位市場上佔有一席之地，並開始涉足高級品市場。

精工社把低價位品和中級品的市場完全包圍，這樣，便可對競爭對手戰線的幾乎所有弱點施加壓力。借由精美的設計、低成本的生產以及傑出的銷售網，精工社迅即反映了流行和新動向。所以，一定要拿敏銳而獨到的眼光觀察市場。

九四、平實本分得信任

福斯汽車針對商業界的前列產品，有一套獨到的確定自己位置的平實技巧。

早期的福斯汽車由於外型的緣故，在市場上被人稱作「金龜車」，看起來的確較爲粗笨，它與當時底特律的流線型汽車相比，並非對手。但是福斯的優勢在於質量好、價格低廉。與其鼓吹車型先進，設備一流，倒不如認定自己畢竟只是「價廉物美」爲上。於是在汽車市場中，福斯汽車反覆提及「LEMON」的概念。

所謂「LEMON」並非直譯的「次品」之意，實際上引申爲「未完全趕得上潮流和時髦」。

福斯這樣按「LEMON」來作爲自己在市場中競爭的定位，在當時實際上是爲自己的生存和發展確定了和競爭對手的關係，抓準了消費者對其需求目的關係中的準確位置。

市場並不因爲福斯的這種老實，甚至被人嘲笑爲愚蠢而反應不佳；相反的，福斯在尋求實用和不太趨於時髦的「保守型」顧客支持的同時，也爭取到新一代消費者的青睞，更主要的是，福斯的市場形象提高了。

一時間，福斯實實在在的產品說明書，寫實且毫不掩飾或毫不誇張的產品照片，宣傳「NOBODY IS PERFECT」（人非聖賢）、「UGLY IS ONLY SKIN-DEEP」（醜在外表）實話實說的廣告詞都受到市場的歡迎，有時甚至出現在書刊的封面故事及專欄特稿上，經常成爲人們街頭巷尾、茶餘飯後的話題。

福斯因這個市場定位策略，銷售數字急劇上升，在激烈的市場競爭中，絲毫不受當年新上市的美國當地小轎車或其他廠牌的進口汽車的影響，「金龜車」受歡迎的情況出乎意料。

能夠做市場的「大哥大」帶領潮流，這固然值得羨慕，但是「第一」只有一個，其他同類產品同樣也想生存，同樣希望透過發展來提升自己的地位。

這表明，市場所提供的機會是均等的，每種產品在市場中的地位和空間都會與其實力和能耐相稱。「龍頭」有龍頭的威風，「鳳尾」有鳳尾的玲瓏。「頭」與「尾」雖不可同日而語，但卻可在同一空間爲自己的生存而奮鬥。

九五、鮮豔色彩受矚目

多年前，瑞典行動電話製造商易立信（ERICSSON）爲了在激烈的市場競爭中取勝，便在歐洲對用戶需求進行了調查，發現每十名行動電話用戶中，就有四名希望擁有一部顏色鮮明的電話，如能經常更換電話顏色更好。一般消費者都認爲，五彩繽紛的顏色（黑色除外）給人新潮的感覺，但是卻不願意爲了更換顏色而購買多部電話。針對此種情況，易立信遂推出了最新的GF三三七型號的行動電話。

GF三三七備有五款不同的外殼，用戶可以隨著自己的心情或喜好，更換電話外殼，電話外貌就立即煥然一新。這系列的五款外殼，每款都有獨特主題，其中有四款設計，分別出自瑞典、美國、匈牙利等國家的藝術家之手。

易立信執行董事約翰．斯伯格認爲，電話加入了藝術元素，就更能體現出用者的個人品味。藝術設計令行動電話變成時尚飾物，而走在潮流尖端的消費者和年輕人，對這個新概念最易接受，說不定某一天，這些電話會成爲藝術收藏品。GF三三七藝術彩裝系列行動電話，很快就爲易立信公司獲取了可喜的效益。

易立信公司了解到消費者的心理需求，刻意將產品改頭換面，令電話搖身一變，變成外型吸引人的藝術品，確實深明與消費者溝通之道。

九六、寄情文化喚相思

一九八二年創辦的鎮辦企業江蘇無錫太湖針織製衣總廠，是以生產「紅豆」牌內衣而聞名全國的。

「紅豆」產品的暢銷，企業的興盛，與充滿美好情感的「紅豆」商標緊密相關。

「紅豆生南國，春來發幾枝，願君多採擷，此物最相思。」唐代王維的千古詩句，膾炙人口，以「紅豆衣」為載體，把感情因素融於商品交換之中，產生了無形價值。老年人把「紅豆衣」視為吉祥物；青年人以向情侶贈送「紅豆衣」溝通感情；海外僑胞以「紅豆衣」寄托思鄉之情；精明的日本商人則看重「紅豆衣」的文化價值，寧願提價百分之二十來訂貨……

不少企業在宣傳上往往注重產品性能介紹，而「紅豆」廠則側重在「紅豆」效應上：「紅豆內衣，奉獻一片愛意」，「紅豆天下，情濃無價」。一九九〇年亞運會期間，中外記者雲集北京，「紅豆」廠提供了萬餘件記者服；中央電視台的播音員穿上了「紅豆衣」走上螢幕；在全國春季針織品交易會上，該廠獨家在四川省體育館舉辦大型「紅豆之春」演唱會。強烈的公關意識，提高了企業的知名度。在一九九一年春季全國針織品交易會上訂貨額二千三百六十萬元人民幣，一九九二年則高達六千八百四十萬元人民幣，占全國春交會成交總額的百分之十。

九七、自己動手更便宜

宜家（ＩＫＥＡ）是在北美和歐洲廣為人知的大企業，在瑞典及歐洲各國，乃至美國、加拿大等國家，常會見到「自己動手」的廣告詞語和一隻眼睛、一把鑰匙加一個

「啊」字的標誌，這是宜家公司經常做的廣告。

宜家公司二十世紀四〇年代創立於瑞典，它的創始人叫英格瓦・坎普拉，他的公司自創立那天起，就奉行與眾不同的經營方式，因而也取得了驚人的增長，成了一家世界級的大企業。宜家的成功主要是在市場營銷方面處處留心，創造出巨大的利潤。其經營上的獨到之處表現在公司命名、產品銷售方式、營銷環境創造等不同方面。

「形象」這個概念十分重要，不管是對於一個國家、一個民族、一個地區、一個團體、一個企業乃至一個人來說，「形象」好與壞、深刻與平淡是極為重要的。宜家形象之所以為大家所知，還得從其公司命名開始。

為了公司的名字問題，坎普拉親自赴美國進行調查研究。在考察中發現，許多美國公司的名稱都用幾個字母聯合活用的，如（美國廣播公司）的A，是美國的第一個字母，B是廣播的第一個字母，C是公司的第一個字，以ABC組成公司名稱既簡短易記，又巧妙地概括出公司的全名。又如RCA（美國無線電公司）、3M公司等，都是這樣的類型，美國有些公司就是用他們的全稱作產品牌號和商標的。於是坎普拉一班人開始思考公司的名稱和招牌問題。他們根據自己企業和產品的特點，想出了一個響亮的名字，並且使公司名稱和商標名統一起來，公司英文是IKEA，它的品牌標誌是：一隻眼睛和一把鑰匙，後面跟著一個「啊」字。這個標誌是三者英語讀音的縮寫，這三個讀音拼到一起成爲IKEA。宜家公司把其獨特的品牌標誌，大張旗鼓地在各地的廣播、電視、報紙、雜誌等各種媒體上宣傳，使其廣爲人知。

在產品銷售方式上，宜家公司更是別出心裁。宜家出售的傢具多數不是成品，而是各種組件。消費者買回去以後，將利用宜家公司提供的圖紙、特殊起子和扳手，組裝成自己滿意的傢具。由於這種經營方式具有新奇性，迎合了西方國家人們在近代形成的「自己動手」風氣，蓋房子、做傢具、組裝電器等都喜歡買組件回家自己動手安裝，宜家公司響應了這種應運而生的需求，因此生意自然興隆。

宜家的廣告宣傳是「自己動手」，但顧客進入該商店則一切覺得十分方便和盡人心意。傢具組件一般是比較大的，商店爲了便於顧客搬動，在商店入門之處準備有許多靈活的小車，和飛機場候機室的行李車相似，顧客可以用來選購組件。另外，商店裡設有孩子「寄存」處，顧客如帶著小孩來，可將小孩「寄存」在有很多玩具的大箱子裡，孩子們可興高采烈地玩耍，不必跟隨父母進商店找麻煩。同時，商店裡提供有各種產品說明書和組合圖、記錄本、鉛筆、帶尺，以便顧客選購組件時使用。商店裡所提供的樣品和圖片，是從全世界一千五百多家傢具廠生產的款式中精選的，顧客在宜家公司所有分店可選購到安裝各種款式的傢具組件，所附的各種圖解說明均用英文、德文、法文、瑞典文和丹麥文寫明。產品品種之多、樣式之繁可謂薈萃世界各國的精華，同時又用極方便的方式服務於消費者。

宜家公司的經營方式亦有獨到之處，它的每家商店均以展覽廳形式陳設，將樣式俱備的傢具實物擺置在寬闊的賣場裡，而展覽廳外一般開設有餐廳。每天到餐廳品嚐各國風味食品的人成百上千，這無疑是一項重要的經營收入。然而，醉翁之意不在酒，宜家公司的目的在於讓食客在飲食過程中，看中這裡的各種傢具，飲飽食足後進而購買各種組件。此舉既起到多種經營、增加收入的作用，又達到方便顧客、提供多方面服務的目的，更重要的是主旋律的作用——吸引更多的顧客前來購買傢具組件，提高宜家品牌的形象，收到「一石多鳥」之效。

宜家公司的廣告宣傳還有一個特點，突出價廉物美。確實，該公司出售的傢具組件價格，一般比安裝成品低百分之三十以上，對顧客充滿吸引力，既可以省錢，又可獲得「自己動手」的滿足感。其實，宜家公司能夠以比成品低那麼多的價格出售，並不會因此而少賺錢，反而賺的更多。因爲它以零件組織貨源，成本低了，它又以零件出售，可減少體積，大大減少了運費和倉儲費。更值得指出的是，出售組件時，顧客要配帶買些安裝工具，如起子、扳手、錘子等，這方面的收入也是相當可觀的。

宜家公司創立以來的五十年，由於經營得法，廣告策劃成功，業務發展迅速，它的連鎖店已分佈在世界各地，年營業額達四十多億美元。

九八、個性商店玩特色

只要看準社會的消費需求，適時的投其所好，就一定可以使生意愈做愈旺，華盛頓「間諜書店」的經營正好說明了這一點。

近年，西方社會由於間諜活動盛行，導致不少讀者對這類書籍產生強烈的興趣。美國的伊利沙伯女士有鑒於此，在華盛頓市中心開設了一間以「間諜」命名的書店。該店所出售的書籍，有些是專門傳授間諜技巧的，例如：怎樣使自己銷聲匿跡和不被發現，怎樣收藏祕密弄來的物體，怎樣改名換姓和喬裝打扮等等；有些是著重講述如何對人刑求逼供的方法；有些是系統披露美國中央情報局及蘇聯國家安全局（ＫＧＢ）的內幕等等，總之，凡是與間諜有關的書，都應有盡有，種類達八百多種。

該店經營的專業性，對愛好者產生了無比的吸引力。開業一年來，一直是客似雲湧，其中就有數以千計的間諜、反間諜、戰略分析家和外交家。此外，還有各式各樣對間諜問題感興趣的人，從而使該店的生意更加興旺。

間諜書店的另一個特異之處，就是不做廣告宣傳，因爲好此道者一般都有自己的情報來源。故該店雖然規模小，而且設在一幢大廈的十樓，但那些熱心的顧客還是不請自來，大可不作宣傳而節省經營費用。現在，老闆娘伊莉沙白已決定擴大業務，增加出售間諜錄影帶以及印有中央情報局與KGB徽號的咖啡杯和T恤，使間諜書店的經營更能滿足間諜書迷的各種需要。

企業如能參考間諜書店的做法，善於細分市場，把握住優勢，創造自己的經營特色，便有機會取得輝煌的業績。

九九、營造氛圍得芳心

如果你看過美國的CHARLIE香水廣告，相信你一定會對「SHE，SVERY CHARLIE」（她多麼查理）這個口號記憶猶新。

CHARLIE香水是露華儂（REVLON）公司在一九七三年推出的一種大眾價格的女性香水。

CHARLIE這個牌子來源於公司總裁查爾斯的名字，這是個在歐美國家很常用的男子名，所以當時公司內部有不少人認爲它不適合女性香水。

但事實證明，婦女們對CHARLIE這個名字情有獨鍾，CHARLIE香水上市僅一年，銷量即躍居全美國第一；三年之後又成爲全球香水市場上的霸主。

眾所周知，香水是一種同質度較高的產品，而當時的香水市場競爭更是趨於白熱化。

那麼，ＣＨＡＲＬＩＥ——這個有著男人名字的女性香水，是如何贏得消費者芳心的呢？

ＣＨＡＲＬＩＥ香水成功的奧秘就在於它樹立了一個非常個性化的品牌形象。

當時的市場調查結果表明，二十世紀七〇年代初期正是女權運動在美國及西歐國家風起雲湧之時。

女性開始不滿足於僅僅做個賢妻良母或是漂亮的花瓶，她們已經擂響了戰鼓，欲與男人試比高，然而她們也急需借助於某種方式來表現這種願望。

露華儂公司機敏地捕捉到了這個契機，推出了第一款生活方式型的香水。

他們充分利用電視和雜誌，在廣告中塑造了一位新女性的代言人——ＣＨＡＲＬＩＥ。

廣告中的「ＣＨＡＲＬＩＥ」總是以自信、獨立和男性化的形象出現。她面帶微笑，昂首闊步地穿越在時代廣場，或者一個人輕鬆自如地駕駛著豪華轎車四處兜風……

有一則著名的廣告則是女孩ＣＨＡＲＬＩＥ手提公文包，與衣冠楚楚的男同事並肩而行。在穿越馬路時，她竟一反傳統，把手放在男士的後面，充當起「護花使者」的角色來，而畫面的上方則是一行醒目的標題——「ＳＨＥ，Ｓ ＶＥＲＹ ＣＨＡＲＬＩＥ」。

在這裡，ＣＨＡＲＬＩＥ這個詞使整個標題顯得別具一格，並與人物的形象和品牌名稱一起構成了完美的結構，恰如其分地表達了新女性熱愛自由和獨立，要求與男人平起平坐的心態。

在ＣＨＡＲＬＩＥ香水廣告播出之後，許多婦女都爭相購買，廣告中女孩ＣＨＡＲＬＩＥ的形象深入人心，很多人都把使用ＣＨＡＲＬＩＥ香水作爲表現獨立自主、富有個性的方式。ＣＨＡＲＬＩＥ香水以一種十分個性化的品牌形象成功地擠進了大眾化香水的市場，並造成一種「時尚」效應。當露華儂公司總裁查爾斯有一次被問及對此事的評價時，他簡潔地回答：「我們出售的是女性們的期望。」

換言之，女性們所購買的，已不僅僅是香水，而是心理上的滿足，對於同質度較高的產品來說，這一點常常是廣告主題和需求的最佳利益點，而個性化的品牌形象恰是通向彼岸的橋樑。

一〇〇、小事大效益

在企業經營上，注意抓小事，也會帶來大效益。例如有人認爲「針頭線腦」、零零碎碎的小買賣，純屬「服務性」生意，經濟效益不高，因而不受重視。與此相反，北京天橋百貨商場，卻非常重視小買賣。他們把小商品品種數量的多少，列爲考核售貨員的重要指標。全商場經營的商品中，小商品占五分之三，達六千多種！天橋的經理們說：消費者也需要小商品，因此商店不能不做小買賣。而且從經濟效益上說，小買賣連著大買賣，這也是可以印證的。

一九七九年夏天，一位從東北來北京出差的顧客，上衣的一只鈕扣脫落了，於是到「天橋」來買一顆一分錢的鈕扣。當時正值傍晚時分，百貨櫃台前，顧客雲集，業務繁忙，可是售貨員照樣熱情的接待了這位只買一分錢東西的顧客，先是精心爲他挑了一顆一分錢的鈕扣，然後又拿出針線，替他把鈕扣縫好，並說了聲「歡迎您下次再來」後，才去接待別的顧客。

第二天，這位顧客又來了，還帶來了三個朋友，他們一起來到商場向經理表達他們的謝意，然後又在「天橋」買了兩支手錶、兩套服裝，還有一些其它商品，一共消費五百五十元人民幣。買鈕扣的那位顧客，還特意把手中的筆記本遞到那位售貨員跟前，指著其中的「備忘錄」說：「這兩支手錶是別人託我買的，您看看，本子上寫著，讓我上『亨得利』去買，但我要在你們『天橋』買。你們的服務態度好，叫人信得過！」

由此可見，售貨員的熱情服務，必為百貨公司帶來龐大業績。

一〇一、試用成愛用

中美合資的亨氏集團在廣州建立之初，根據中國人的習慣，試產了一些樣品，分給一些母親讓嬰兒試用。之後他們又在一些幼稚園和家庭中免費提供樣品試用，廣泛徵求社會各界對嬰兒食品的意見和要求，如「你喜歡不喜歡這種嬰兒食品？」、「該食品味道如何？」「甜度要怎樣改進？」「包裝好不好？」「價錢是否合理？」，一共在許多地區募集了上千人的意見。最後，他們向社會推出定型的「亨氏嬰兒營養奶粉」和「亨氏高蛋白營養奶粉」。現在該產品已逐漸走進中國的許多家庭。

亨氏集團免費提供試用樣品，是「大戰」前的動作，先偵查用戶市場反映，促使許多隱祕的資訊反映出來，爲亨氏集團確定適合中國人口味的產品配方、規格和價格提供了依據，這招「打草驚蛇」不僅是促銷活動，更重要的是樹立了良好的企業形象和產品形象。

一○二、白送不白送

幾位顧客來到美國加利州的貝爾特拉莫酒店，在櫃台前把信用卡交給了店員，要買一箱酒。信用卡是美國運通公司的，店員為了核對信用卡花了三四分鐘的時間才將電話接通。最後，他終於核對好了，並把信用卡交還顧客，然後他從一個老式糖罐裡拾起一顆五分錢的薄荷糖放進了顧客口袋，一邊說：「對不起各位，我耽誤你們的時間了，這是不可原諒的。希望以後不再發生這樣的事，我們很重視你們的買賣，歡迎不久後再來光顧，祝你們玩得愉快。」這位店員就這樣贏得了顧客的終生信任。這幾位顧客都打定主意今後要去這家「白送五分錢糖果」的商店買東西。

美國運通公司電話占線不是店員的責任，而是因該公司尖峰時間電話線路太少。但是這個店員卻把它作爲自己的問題來承擔，絲毫沒有推卸的意思。他並沒有說「美國運通公司在尖峰時間總會出現這種狀況！」而是說：「對不起各位，我耽誤你們的時間了。」

企業的超群出眾，是靠一點一滴、一次次進展得來的，光靠一次行動是不行的。如果經歷了成千上萬次，而且每一次都能有些許改進，那麼積少成多，最後肯定會在企業中產生效果，既得到顧客信任，又能獲得較高的利潤。

一〇三、消費指導

企業的成就離不開成功的銷售管理，尼西奇公司也是一樣。正如它那獨特的產品一樣，尼西奇的經營和銷售也是頗具特色的。

商場征戰，使多川博深深地領會到「消費者是企業的衣食父母，只有贏得了消費者，才能在市場上立於不敗之地。由此可見，只有最大限度地滿足消費者的各種需要，企業才能走上通往成功的大道」。

多川博不惜重金，聘請了兩百餘名具有帶孩子經驗的媽媽們，專門負責商品的宣傳和消費指導工作。她們在宣傳指導中向顧客說明產品的特點、用法及洗滌方法，介紹產品的尺寸、號碼以及如何挑選滿意的產品。經過她們的指導，本來銷路一般的尿布立刻成了市場上的搶手貨。原來不屑於經銷尿布這類小玩意，只知經營服裝賺大錢的經銷商，也不得不調整經銷範圍，把目光投向「尼西奇」尿布。

尿布的使用者是嬰兒，而購買者是他們的母親。尼西奇公司正是透過這些媽媽推銷指導員，同家長們建立起了密不可分的關係和信任，同時也成了他們理想的生活顧問。

爲了讓顧客更方便地購買到產品，多川博經過認眞的選點和謹慎的投資，建立起了一個四通八達、無孔不入的銷售網絡系統，僅就日本國內而言，他就建立了六個銷售中心、四家分公司和二十多個供應點，與日本全國三百一十八個百貨公司多家超級市場和三千六百七十家零售店建立起了直接的供貨關係。龐大的銷售網絡極大地刺激了市場需求，一九九二年的銷售額，比一九八二年增長了十五倍之多。從而建立起了龐大的「尿布王國」。

一〇四、分期付款

艾科卡是世界超級企業家，被稱爲「汽車大王」。他年輕時，曾在福特汽車公司賓夕法尼亞州威爾克斯巴勒地區的一個區當銷售經理，推銷福特汽車。

開始時，艾科卡任職所在區的銷售情況很不好，在威爾克斯巴勒地區的十三個小區中，銷售額倒數第一。艾科卡在經歷了一些失敗後，想出了一個新主意，決定顧客買一九五六型福特新車時，可先付百分之二十的錢，其餘的錢以後每個月支付五十六美元，三年付清。這樣幾乎任何人都能買得起福特汽車了。艾科卡把這種購車辦法叫做五十六元換「五六型」。

艾科卡的這個辦法立竿見影，顧客聞訊後，紛紛前來購置，僅三個月，艾科卡所在地區的銷售汽車數量躍居全國第一。

福特汽車公司的負責人，之後擔任美國國防部部長的羅伯特・麥克納馬拉，非常讚賞艾科卡的這一銷售招術，把此措施列入全國公司銷售戰略的一部分，使公司得以多銷售出七萬五千輛福特汽車。艾科卡十年艱辛，一舉成名，晉陞爲華盛頓區經理。

殺出紅海—漂亮勝出的104個商戰奇謀

作　　者　劉　燁

發 行 人　林敬彬
主　　編　楊安瑜
執行編輯　汪　仁
責任編輯　蔡穎如
美術設計　洸譜創意設計股份有限公司
封面設計　洸譜創意設計股份有限公司

出　　版　大都會文化事業有限公司　行政院新聞局北市業字第89號
發　　行　大都會文化事業有限公司
110台北市基隆路一段432號4樓之9
讀者服務專線：(02) 27235216
讀者服務傳真：(02) 27235220
電子郵件信箱：metro@ms21.hinet.net
網　　址：www.metrobook.com.tw

郵政劃撥　14050529 大都會文化事業有限公司
出版日期　2006年1月初版一刷
定　　價　220元

ISBN　986-7651-63-4
書　　號　SUCCESS-013

Metropolitan Culture Enterprise Co., Ltd.
4F-9, Double Hero Bldg., 432, Keelung Rd., Sec. 1, Taipei 110, Taiwan
TEL:+886-2-2723-5216 FAX:+886-2-2723-5220
e-mail:metro@ms21.hinet.net
Website:www.metrobook.com.tw

國家圖書館出版品預行編目資料

殺出紅海：漂亮勝出的104個商戰奇謀/劉　燁著.
——初版.——臺北市：大都會文化, 2006[民95]
面；　公分. (Success;13)
ISBN 986-7651-63-4(平裝)
1.企業管理 2.企業再造

494　　　　94023269

大都會文化圖書目錄

●度小月系列

路邊攤賺大錢【搶錢篇】	280元	路邊攤賺大錢2【奇蹟篇】	280元
路邊攤賺大錢3【致富篇】	280元	路邊攤賺大錢4【飾品配件篇】	280元
路邊攤賺大錢5【清涼美食篇】	280元	路邊攤賺大錢6【異國美食篇】	280元
路邊攤賺大錢7【元氣早餐篇】	280元	路邊攤賺大錢8【養生進補篇】	280元
路邊攤賺大錢9【加盟篇】	280元	路邊攤賺大錢10【中部搶錢篇】	280元
路邊攤賺大錢11【賺翻篇】	280元	路邊攤賺大錢12【大排長龍篇】	280元

●DIY系列

路邊攤美食DIY	220元	嚴選台灣小吃DIY	220元
路邊攤超人氣小吃DIY	220元	路邊攤紅不讓美食DIY	220元
路邊攤流行冰品DIY	220元		

●流行瘋系列

跟著偶像FUN韓假	260元	女人百分百—男人心中的最愛	180元
哈利波特魔法學院	160元	韓式愛美大作戰	240元
下一個偶像就是你	180元	芙蓉美人泡澡術	220元

●生活大師系列

遠離過敏—打造健康的居家環境	280元	這樣泡澡最健康 —紓壓．排毒．瘦身三部曲	220元
兩岸用語快譯通	220元	台灣珍奇廟—發財開運祈福路	280元
魅力野溪溫泉大發見	260元	寵愛你的肌膚—從手工香皂開始	260元
舞動燭光—手工蠟燭的綺麗世界	280元	空間也需要好味道 —打造天然相氛的68個妙招	260元
雞尾酒的微醺世界 —調出你的私房Lounge Bar風情	250元	野外泡湯趣 —魅力野溪溫泉大發見	260元
肌膚也需要放輕鬆 —徜徉天然風的43項舒壓體驗	260元		

●寵物當家系列

Smart養狗寶典	380元	Smart養貓寶典	380元
貓咪玩具魔法DIY —讓牠快樂起舞的55種方法	220元	愛犬造型魔法書—讓你的寶貝漂亮一下	260元
我的陽光．我的寶貝—寵物真情物語	220元	漂亮寶貝在你家—寵物流行精品DIY	220元
我家有隻麝香豬—養豬完全攻略	220元		

●人物誌系列

現代灰姑娘	199元	黛安娜傳	360元
船上的365天	360元	優雅與狂野—威廉王子	260元
走出城堡的王子	160元	殞逝的英格蘭玫瑰	260元

貝克漢與維多利亞 —新皇族的真實人生	280元	幸運的孩子—布希王朝的真實故事	250元
瑪丹娜—流行天后的真實畫像	280元	紅塵歲月—三毛的生命戀歌	250元
風華再現—金庸傳	260元	俠骨柔情—古龍的今生今世	250元
她從海上來—張愛玲情愛傳奇	250元	從間諜到總統—普丁傳奇	250元
脫下斗篷的哈利—丹尼爾・雷德克里夫	220元	蛻變—章子怡的成長紀實	260元

●心靈特區系列

每一片刻都是重生	220元	給大腦洗個澡	220元
成功方與圓—改變一生的處世智慧	220元	轉個彎路更寬	199元
課本上學不到的33條人生經驗	149元	絕對管用的38條職場致勝法則	149元
從窮人進化到富人的29條處事智慧	149元		

●SUCCESS系列

七大狂銷戰略	220元	打造一整年的好業績—店面經營的72堂課	200元
超級記憶術—改變一生的學習方式	199元	管理的鋼盔 —商戰存活與突圍的25個必勝錦囊	200元
搞什麼行銷 —152個商戰關鍵報告	220元	精明人聰明人明白人 —態度決定你的成敗	200元
人脈=錢脈 —改變一生的人際關係經營術	180元	週一清晨的領導課	160元
搶救貧窮大作戰の48條絕對法則	220元	搜驚・搜精・搜金 —從Google的致富傳奇中，你學到了什麼？	199元
絕對中國製造的58個管理智慧	200元	客人在哪裡？ —決定你業績倍增的關鍵細節	200元
殺出紅海—漂亮勝出的104個商戰奇謀	220元		

●都會健康館系列

秋養生—二十四節氣養生經	220元	春養生—二十四節氣養生經	220元
夏養生—二十四節氣養生經	220元	冬養生—二十四節氣養生經	220元
春夏秋冬養生套書	699元		

●CHOICE系列

入侵鹿耳門	280元	蒲公英與我—聽我說說畫	220元
入侵鹿耳門（新版）	199元	舊時月色（上輯＋下輯）	各 180元

●FORTH系列

印度流浪記—滌盡塵俗的心之旅	220元	胡同面孔—古都北京的人文旅行地圖	280元
尋訪失落的香格里拉	240元		

●FOCUS系列

中國誠信報告	250元		

廣　告　回　函
北區郵政管理局
登記證北台字第9125號
免　貼　郵　票

大都會文化事業有限公司
讀者服務部　收

110台北市基隆路一段432號4樓之9

寄回這張服務卡〔免貼郵票〕
您可以：
◎不定期收到最新出版訊息
◎參加各項回饋優惠活動

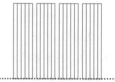

大都會文化
METROPOLITAN CULTURE

殺出紅海

漂亮勝出的104個商戰奇謀

大都會文化　讀者服務卡

書名：殺出紅海—漂亮勝出的104個商戰奇謀

謝謝您選擇了這本書！期待您的支持與建議，讓我們能有更多聯繫與互動的機會。
日後您將可不定期收到本公司的新書資訊及特惠活動訊息。

A. 您在何時購得本書：______年______月______日

B. 您在何處購得本書：____________書店，位於____________(市、縣)

C. 您從哪裡得知本書的消息：
1.□書店　2.□報章雜誌　3.□電台活動　4.□網路資訊
5.□書籤宣傳品等　6.□親友介紹　7.□書評　8.□其他

D. 您購買本書的動機：（可複選）
1.□對主題或內容感興趣　2.□工作需要　3.□生活需要
4.□自我進修　5.□內容為流行熱門話題　6.□其他

E. 您最喜歡本書的：（可複選）
1.□內容題材　2.□字體大小　3.□翻譯文筆　4.□封面　5.□編排方式　6.□其他

F. 您認為本書的封面：1.□非常出色　2.□普通　3.□毫不起眼　4.□其他

G. 您認為本書的編排：1.□非常出色　2.□普通　3.□毫不起眼　4.□其他

H. 您通常以哪些方式購書：(可複選)
1.□逛書店　2.□書展　3.□劃撥郵購　4.□團體訂購　5.□網路購書　6.□其他

I. 您希望我們出版哪類書籍：（可複選）
1.□旅遊　2.□流行文化　3.□生活休閒　4.□美容保養　5.□散文小品
6.□科學新知　7.□藝術音樂　8.□致富理財　9.□工商企管　10.□科幻推理
11.□史哲類　12.□勵志傳記　13.□電影小說　14.□語言學習（_____語）
15.□幽默諧趣　16.□其他

J. 您對本書(系)的建議：

K. 您對本出版社的建議：

讀者小檔案

姓名：________________性別：□男 □女　生日：____年____月____日

年齡：1.□20歲以下 2.□21—30歲 3.□31—50歲 4.□51歲以上

職業：1.□學生 2.□軍公教 3.□大眾傳播 4.□服務業 5.□金融業 6.□製造業
7.□資訊業 8.□自由業 9.□家管 10.□退休 11.□其他

學歷：□國小或以下 □國中 □高中／高職 □大學／大專 □研究所以上

通訊地址：____

電話：（H）________________（O）______________ 傳真：______________

行動電話：__________________ E-Mail：________________________________

◎如果您願意收到本公司最新圖書資訊或電子報，請留下您的 E-mail信箱。

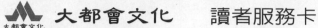